DIN ISO 26000 –
Gesellschaftliche Verantwortung erfolgreich umsetzen

Jetzt diesen Titel zusätzlich als E-Book downloaden und 70 % sparen!

Als Käufer dieses Buchtitels haben Sie Anspruch auf ein besonderes Kombi-Angebot: Sie können den Titel zusätzlich zum Ihnen vorliegenden gedruckten Exemplar für nur 30 % des Normalpreises als E-Book beziehen.

Der BESONDERE VORTEIL: Im E-Book recherchieren Sie in Sekundenschnelle die gewünschten Themen und Textpassagen. Denn die E-Book-Variante ist mit einer komfortablen Volltextsuche ausgestattet!

Deshalb: Zögern Sie nicht. Laden Sie sich am besten gleich Ihre persönliche E-Book-Ausgabe dieses Titels herunter.

In 3 einfachen Schritten zum E-Book:

❶ Rufen Sie die Website **www.beuth.de/e-book** auf.

❷ Geben Sie hier Ihren persönlichen, nur einmal verwendbaren E-Book-Code ein:

241408K41C2FFD2

❸ Klicken Sie das „Download-Feld“ an und gehen dann weiter zum Warenkorb. Führen Sie den normalen Bestellprozess aus.

Hinweis: Der E-Book-Code wurde individuell für Sie als Erwerber dieses Buches erzeugt und darf nicht an Dritte weitergegeben werden. Mit Zurückziehung dieses Buches wird auch der damit verbundene E-Book-Code für den Download ungültig.

DIN ISO 26000 –
Gesellschaftliche Verantwortung erfolgreich umsetzen

DIN

Annette Kleinfeld, Annika Martens (Hrsg.)

DIN ISO 26000 – Gesellschaftliche Verantwortung erfolgreich umsetzen

Beispiele, Strategien, Lösungen

1. Auflage 2014

Herausgeber:
DIN Deutsches Institut für Normung e. V.

Beuth Verlag GmbH · Berlin · Wien · Zürich

Herausgeber: DIN Deutsches Institut für Normung e. V.

Berlin · Wien · Zürich
Am DIN-Platz
Burggrafenstraße 6
10787 Berlin

Telefon: +49 30 2601-0
Telefax: +49 30 2601-1260
Internet: www.beuth.de
E-Mail: kundenservice@beuth.de

Titelbild: © jannoon028, Benutzung unter Lizenz von shutterstock.com
Satz: B & B Fachübersetzergesellschaft mbH, Berlin
Druck: Medienhaus Plump, Rheinbreitbach
Gedruckt auf säurefreiem, alterungsbeständigem Papier nach DIN EN ISO 9706

ISBN 978-3-410-24140-9
ISBN (E-Book) 978-3-410-24141-6

Inhaltsverzeichnis

Seite

Vorwort 1

Mehr als drei Jahre sind vergangen, seitdem die ISO 26000 erstmalig veröffentlicht wurde. Zeit also, ein erstes Resümee zu ziehen, wie diese umfassende internationale Norm zur gesellschaftlichen Verantwortung von Organisationen aufgenommen und umgesetzt wurde.

Hierzu soll eine Reihe von Anwendern der ISO 26000 zu Wort kommen, um den Lesern ihre Erfahrungen im Umgang mit der Norm weiterzugeben. Die Erfahrungsberichte geben einen Einblick, was es für eine Organisation bedeutet, sich nach der ISO 26000 aufzustellen, auf welche Hindernisse eine Organisation bei der Umsetzung der Norm stoßen kann und wie diesen zu begegnen ist. Ziel des vorliegenden Buches ist es aufzuzeigen, wie Organisationen mit einer Norm zu einem Thema dieser Komplexität arbeiten, die zahlreiche Empfehlungen ausspricht, als nicht zertifizierbarer Leitfaden aber keine Anforderungen enthält. Die berichtenden Organisationen wurden daher dazu angehalten, schrittweise darzustellen, wie sie bei der Anwendung der ISO 26000 vorgegangen sind, mit welchen Hilfsmitteln und Werkzeugen sie gearbeitet haben und welche Lehren sie aus der Arbeit mit der Norm ziehen. Am Ende jedes Erfahrungsberichtes werden daher drei bis fünf praktische Tipps und Hinweise gegeben, die künftigen Anwendern der Norm die Umsetzung erleichtern sollen.

Auf eine detaillierte Vorstellung der Kernthemen und Handlungsfelder der ISO 26000 soll an dieser Stelle verzichtet werden, da dies bereits in der Publikation „Gesellschaftliche Verantwortung nach DIN ISO 26000“ (Vitt/Franz/Kleinfeld/Thorns 2011) ausführlich geschehen ist. In der vorliegenden Veröffentlichung soll der Fokus vielmehr auf der konkreten Umsetzung bzw. Integration der ISO 26000 in die Geschäftspraxis liegen und daher vornehmlich die Inhalte von Abschnitt 7 der Norm veranschaulichen.

Aufgrund der noch vergleichsweise jungen Geschichte der ISO 26000 befassen sich die Erfahrungsberichte zudem eher mit der Entwicklung einer integrierten CSR-Strategie mit Hilfe der ISO 26000 als mit der Darstellung eines entsprechend ausgerichteten ganzheitlichen Managementsystems. Da viele Organisationen bei ihrer Auseinandersetzung mit dem Thema gesellschaftlicher Verantwortung noch am Anfang stehen, kann dies zum jetzigen Zeitpunkt noch nicht geleistet werden. Dies spiegeln auch die Beiträge der Organisationen dieses Buches wider, von denen sich viele noch mitten im Strategieentwicklungsprozess befinden. Ihre Berichte stellen daher eher einen Zwischen- als einen abschließenden Erfahrungsbericht dar, sind aufgrund dessen aber besonders hilfreich für Organisationen, die einen analogen Prozess anstreben. Sie dienen daher als Motivation und Antrieb für die Weiterentwicklung nicht nur der eigenen Organisation, sondern auch für Dritte, die sich auf den Weg machen wollen oder gerade damit begonnen haben.

Die Identifikation von deutschen Organisationen, die mit der DIN ISO 26000 arbeiten, bereitete einige Schwierigkeiten. Da die Norm in der jetzigen Fassung nicht zur Zertifizierung vorgesehen ist, konnten auch keine Informationen bei Zertifizierungsgesellschaften eingeholt werden, welche Organisationen bereits mit der Norm arbeiten. So blieb nur die Möglichkeit einer intensiven Recherche, durch die jedoch nur Organisationen identifiziert wurden, die bereits über ihre Arbeit mit der Norm in irgendeiner Weise kommunizierten (z. B. Dibella GmbH), und die Einbindung von Unternehmen, die wir selbst im Rahmen von Informationsveranstaltungen oder eigenen Beratungsprojekten mit der Norm in Berührung gebracht hatten.

Der Anspruch, ein möglichst breites Spektrum an Größen und Branchen von Organisationen aufzuzeigen, stellte eine weitere Herausforderung dar, der nur dadurch Rechnung getragen werden konnte, dass auch Unternehmen aus dem deutschsprachigen Ausland einbezogen wurden. Unter den Erfahrungsberichten befinden sich daher auch solche von österreichischen Unternehmen. Die Identifikation von Anwender-Unternehmen fiel dort wesentlich leichter, da im November 2011 das Österreichische Normungsinstitut die ONR 192500 als normatives Dokument für Gesellschaftliche Verantwortung veröffentlichte. Die ONR 192500 baut unmittelbar auf der ISO 26000 auf, definiert aber konkrete inhaltliche Anforderungen für ein CSR-Managementsystem und ist daher auch zur Zertifizierung vorgesehen.

Schließlich ist zu erwähnen, dass nicht alle Organisationen, die mit der Norm arbeiten, auch bereit waren, darüber zu berichten. Die Gründe hierfür sind divers. Neben mangelnder Zeit und der Einschätzung, noch nicht intensiv genug mit der Norm gearbeitet zu haben, spielte vor allem die Angst, durch einen Bericht in den Fokus der kritischen Öffentlichkeit gerückt zu werden, eine große Rolle. Umso herzlicher möchten wir uns an dieser Stelle bei allen beteiligten Organisationen dieses Buchprojektes für ihre Teilnahme bedanken: Sie tragen mit Ihrem Bericht wesentlich zur Bewusstseinsbildung in punkto glaubhafter Wahrnehmung gesellschaftlicher Verantwortung bei – sowohl innerhalb als auch außerhalb Ihrer Organisation – und erfüllen damit zugleich eines der sieben Grundprinzipien gesellschaftlicher Verantwortung nach DIN ISO 26000: den Grundsatz der Transparenz (DIN ISO 26000:2011-01, S. 26).

Den Autoren des Buches wurde bei der Gestaltung ihrer Erfahrungsberichte weitestgehend freie Hand gelassen, weshalb es den Leser nicht verwundern darf, wenn einige Autoren beispielsweise von „CSR" und andere hingegen von „gesellschaftlicher Verantwortung" sprechen. Lediglich ein Fragenkatalog diente ihnen als Orientierungshilfe (vgl. Kasten 1). Zentraler Gegenstand aller Berichte sollte die Frage nach der Entwicklung und Umsetzung einer integrierten CSR-Strategie nach ISO 26000 sein. Hinter dem Wunsch, Organisationen unterschiedlicher Branchen und Größen berichten zu lassen, verbirgt sich die Frage, ob sich bspw. auch kleine Organisationen mit einer solch umfänglichen Norm auseinandersetzen können und sollten (vgl. hierzu die Erfahrungsberichte der Apus Software GmbH oder der Dibella GmbH). Allen Erfahrungsberichten ist eine tabellarische Kurzvorstellung sowie ein Statement vorangestellt, was in der Organisation konkret unter gesellschaftlicher Verantwortung verstanden wird. Sie sollen den Lesern die Einordnung der berichtenden Organisation erleichtern. Auf diese Weise entstand eine vielfältige Mischung an Berichten unterschiedlicher Sicht- und Vorgehensweisen, die im besten Fall potenziellen Anwendern der ISO 26000 eine wertvolle Hilfestellung sind.

Wir möchten uns abschließend noch einmal bei allen Mitautoren des vorliegenden Buches für ihr Engagement und Vertrauen bedanken. Gleiches gilt auch für das Lektoratsteam des Beuth Verlages. Ein besonderer Dank gilt dabei Herrn Dr. Thilo Hasse, der uns während der gesamten Entstehung des Buches mit Rat und Tat unterstützt hat.

Die Herausgeber *Dr. Annika Martens* und *Prof. Dr. Annette Kleinfeld*
Hamburg, im Februar 2014

Leitfragen zur Erstellung des Erfahrungsberichtes:

1. Wann sind Sie mit dem Thema CSR und im Speziellen mit der ISO 26000 zum ersten Mal in Berührung gekommen?
2. Warum haben Sie sich dieses Themas angenommen? Was war Ihre Erwartungshaltung?
3. Warum haben Sie sich für die Arbeit mit der ISO 26000 entschieden?
4. Wie haben Sie Ihre Strategie mithilfe der ISO 26000 entwickelt?
5. Welches waren die größten Hindernisse, auf die Sie bei der Einführung gestoßen sind? Und wie haben Sie diese ggf. gelöst?
6. Welche Vorteile hat Ihnen die Auseinandersetzung mit CSR/Nachhaltigkeit nach der ISO 26000 im Unternehmen gebracht?
7. Wie ist das Thema bei Ihnen organisatorisch verankert?
8. Wie stellen Sie sicher, dass es kontinuierlich nachverfolgt wird?
9. Wo soll Ihr Unternehmen in Sachen CSR/Nachhaltigkeit in 5 Jahren stehen (angestrebter IST-Zustand)?
10. Lassen Sie die Zeit seit der Einführung der ISO 26000 Revue passieren: Was ist Ihr Resümee?

Kasten 1: Fragenkatalog als Orientierungshilfe bei der Erstellung der Erfahrungsberichte (siehe Kapitel 5)

DIN ISO 26000: Eine Zusammenfassung der wesentlichen Daten und Fakten 2

Dr. Annika Martens und Prof. Dr. Annette Kleinfeld

Entwicklung der Norm 2.1

Der Anstoß zur Entwicklung der internationalen Norm ISO 26000 geht auf die internationale Verbraucherorganisation der ISO (COPOLCO) zurück, die im Jahr 2001 den Bedarf für eine Norm zur gesellschaftlichen Verantwortung (zunächst nur für Unternehmen) der International Standard Organisation (ISO) vortrug. Aus dieser Initiative wurde 2004 ein Arbeitsauftrag („New Work Item Proposal – NWIP") entwickelt, der Inhalte, Ziele und Zweck der geplanten Norm darlegte. Nach Annahme des Normungsantrages wurde in einer ISO-Arbeitsgruppe zu „Social Responsibility" ab April 2005 mit der Entwicklung der Norm begonnen. In insgesamt fünf Treffen, die an unterschiedlichen Orten der Erde stattfanden, wurden bis 2007 vier Arbeitsfassungen („Working Drafts – WD") entwickelt. Innerhalb festgelegter Abstimmungsfristen konnten diese sowohl durch die Mitglieder der internationalen ISO-Arbeitsgruppe (WG SR) und der involvierten internationalen Expertenorganisationen („D-Liaisons") kommentiert werden als auch durch die Mitglieder der sogenannten „Spiegelgremien", die von den nationalen Normungsinstituten gebildet wurden. Gemäß ihrem Namen spiegeln Letztere die Zusammensetzung der internationalen Arbeitsgruppe wider und multiplizieren deren Mitglieder durch weitere Experten aus jeder Stakeholder-Gruppe auf nationaler Ebene. Zur Aufgabe der nationalen Gremien gehört zudem, die Experten und Beobachter auszuwählen, die im internationalen Normungsprozess zunächst die jeweilige Stakeholder-Perspektive, später die jeweilige nationale Position repräsentieren sollten. Die – gemäß den ISO-Regularien erforderliche – gleichberechtigte Beteiligung aller für das Thema als relevant eingestuften sechs Anspruchsgruppen aus Wirtschaft, Staat, Arbeitnehmern, Konsumenten, Nichtregierungsorganisationen sowie Beratung und Forschung pro Land und ISO-Mitglied stellte für die Normungsarbeit eine organisatorische Herausforderung dar; nicht zuletzt auch deshalb, weil viele der involvierten Personen zuvor noch nie an einem Normungsprozess beteiligt gewesen waren. Die internationale Arbeitsgruppe sollte zudem ein Höchstmaß an Internationalität und kultureller Diversität verkörpern, um einer Norm zu einem so sensiblen Thema größtmögliche Legitimität zu verschaffen.

Auf Basis aller eingegangenen Kommentierungen wurde beim nächsten internationalen Treffen die jeweils vorliegende Fassung überarbeitet und erneut zur Kommentierung freigegeben. Durch diese Arbeitsweise hatten alle Anspruchsgruppen die Möglichkeit, direkt oder indirekt auf die Entwicklung der Norm Einfluss zu nehmen.

Das letzte Treffen der ISO-Arbeitsgruppe fand im Mai 2010 in Kopenhagen statt. Hier wurde der finale Entwurf der Norm erarbeitet (sog. „Final Draft International Standard – FDIS"), über den am 12. September 2010 schließlich abgestimmt wurde. 93 % aller stimmberechtigten Institutionen sprachen sich für die Annahme des Final Draft International Standard aus. Die Enthaltung u. a. Deutschlands und die Ablehnung der Norm durch Kuba, Indien, Luxemburg, die Türkei und USA blieben für die Veröffentlichung der ISO 26000 vor dem Hintergrund der sonst weltweiten Zustimmung ohne Folgen, so dass die Norm am 1. November 2010 schließlich erstmals in den offiziellen ISO-Sprachen Englisch, Französisch und Russisch erhältlich war.

Im Juli 2010 belief sich die Zahl der Mitgestalter der Norm auf 450 Experten und 210 Beobachter aus insgesamt 99 Mitgliedsstaaten und 42 sogenannten D-Liaison-Organisationen. Um dem bereits erwähnten Anspruch der kulturellen Diversität und ausgewogenen internationalen Beteiligung gerecht zu werden, wurden kontinuierlich Fördermittel für Experten aus Entwicklungs- und Schwellenländern eingeworben, sodass gegen Ende des Normungsprozesses von den 99 beteiligten Ländern 69 Entwicklungs- und Schwellenländer waren.

In deutscher Sprache ist die Norm seit dem Januar 2011 als DIN ISO 26000 bzw. als ONR ISO 26000 in Österreich erhältlich. Dabei handelt es sich um inhaltsgleiche Übersetzungen der englischsprachigen ISO 26000. Da die Autoren der nachfolgend vorgestellten Unternehmen aus Deutschland/Österreich stammen und nicht nur auf nationaler, sondern teils auch internationaler Ebene agieren, finden sich im gesamten Buch Bezüge auf alle drei Normdokumente.

2.2 Struktur und Inhalt

DIN ISO 26000 ist ein umfassender Leitfaden zum Thema „gesellschaftliche Verantwortung", der sich an alle Formen von Organisationen richtet, unabhängig von ihrer Größe, Branche und Rechtsform. Sie ist als Leitfaden konzipiert, der lediglich Handlungsempfehlungen ausspricht, jedoch nicht zur Zertifizierung vorgesehen ist. Der genaue Anwendungsbereich der Norm wird im ersten Abschnitt detaillierter erläutert. Wie jede ISO-Norm enthält sie einen Abschnitt mit Definitionen, die im internationalen Konsens erarbeitet wurden. In diesem werden alle Begriffe definiert, die für das Thema „gesellschaftliche Verantwortung“ von Relevanz sind. Der dritte Abschnitt der DIN ISO 26000 („Gesellschaftliche Verantwortung verstehen“) widmet sich den Hintergründen und aktuellen Trends des Themas.

Abschnitt 4 der Norm geht auf die Grundsätze gesellschaftlicher Verantwortung (vgl. Kasten 2) ein, die die Voraussetzung für eine glaubwürdige Auseinandersetzung mit dem Thema bilden. Alle Organisationen, die von sich behaupten, gesellschaftlich verantwortlich zu agieren, sollten mindestens diese sieben Grundsätze „kulturell verinnerlicht“ und als Grundlage jedweder Entscheidung und Aktivität etabliert haben.

Grundsätze gesellschaftlicher Verantwortung nach DIN ISO 26000

1 Rechenschaftspflicht

2 Transparenz

3 Ethisches Verhalten

4 Achtung der Interessen der Anspruchsgruppen

5 Achtung der Rechtsstaatlichkeit

6 Achtung internationaler Verhaltensstandards

7 Achtung der Menschenrechte

Kasten 2: Grundsätze gesellschaftlicher Verantwortung (DIN ISO 26000:2011-01, S. 25 ff.)

Abschnitt 5 der Norm beleuchtet die besondere Rolle der Anspruchsgruppen für die Wahrnehmung gesellschaftlicher Verantwortung. Neben der Identifikation, Anerkennung und Einbindung der Anspruchsgruppen wird hier auch die Frage behandelt, wie weit der Einflussbereich einer Organisation legitimerweise reichen kann, wie die Grenzen gesellschaftlicher Verantwortung und die Legitimität von Stakeholder-Interessen zu ermitteln sind.

Zentraler Bestandteil der Norm ist der Abschnitt 6, in welchem die sieben Kernthemen gesellschaftlicher Verantwortung und die dazugehörigen Handlungsfelder (insgesamt 37) thematisiert werden (vgl. Kasten 3). Anders als bisherige Standards im Bereich CSR und Nachhaltigkeit (wie etwa der Berichtsstandard von GRI) wird das Thema gesellschaftliche Verantwortung nicht in einer dreigliedrigen Struktur abgebildet, die dem Drei-Säulen-Modell der Nachhaltigkeit (Ökonomie, Ökologie und Soziales) nachempfunden ist, sondern in sieben Bereiche unterteilt, die in DIN ISO 26000 „Kernthemen“

genannt werden und die im Hinblick auf eine gute und verantwortliche Organisationsführung alle zu betrachten sind. Diesen sieben Kernthemen sind insgesamt 37 Handlungsfelder zugeordnet, die neben einer näheren Erläuterung des Handlungsfeldes auch entsprechende Maßnahmen und Erwartungen beinhalten. Dem Kernthema Organisationsführung kommt nach DIN ISO 26000 eine besondere Rolle zu, da entsprechend gestaltete Führungs- und Steuerungssysteme die notwendige Voraussetzung für die Wahrnehmung gesellschaftlicher Verantwortung bilden (für eine ausführlichere Darstellung und Erläuterung der einzelnen Kernthemen und Handlungsfelder vgl. „Gesellschaftliche Verantwortung nach DIN ISO 26000" von Vitt/Franz/Kleinfeld/Thorns 2011).

Abschnitt 7 der Norm gibt Hinweise zur organisationsweiten Integration gesellschaftlicher Verantwortung und ist daher für dieses Buchprojekt von besonderer Relevanz. Aufgrund dessen setzt sich der Beitrag von Joachim Rottluff und Annette Kleinfeld (vgl. Kapitel 4) noch einmal gesondert mit diesem Kapitel der DIN ISO 26000 auseinander. Den Schluss der Norm bildet ein Anhang, in dem sich neben der Erläuterung von verwendeten Abkürzungen auch eine Aufzählung von freiwilligen Initiativen und Hilfsmitteln für die Wahrnehmung gesellschaftlicher Verantwortung befindet. Durch eine tabellarische Darstellung wird deutlich, welche Initiativen und Hilfsmittel welchen Inhalten der Kernthemen der DIN ISO 26000 entsprechen.

Kernthemen gesellschaftlicher Verantwortung und ihre Handlungsfelder nach DIN ISO 26000

1 Organisationsführung

Prozesse und Strukturen der Entscheidungsfindung

2 Menschenrechte

Gebührende Sorgfalt; Menschenrechte in kritischen Situationen; Mittäterschaft vermeiden; Missstände beseitigen; Diskriminierung und schutzbedürftige Gruppen; Bürgerliche und politische Rechte; Wirtschaftliche, soziale und kulturelle Rechte; Grundlegende Rechte und Prinzipien bei der Arbeit

3 Arbeitspraktiken

Beschäftigung und Beschäftigungsverhältnisse; Arbeitsbedingungen und Sozialschutz; Sozialer Dialog; Gesundheit und Sicherheit am Arbeitsplatz; Menschliche Entwicklung und Schulung am Arbeitsplatz

4 Umwelt

Vermeidung der Umweltbelastung; Nachhaltige Nutzung von Ressourcen; Abschwächung des Klimawandels und Anpassung; Umweltschutz, Artenvielfalt und Wiederherstellung natürlicher Lebensräume

5 Faire Betriebs- und Geschäftspraktiken

Korruptionsbekämpfung; Verantwortungsbewusste politische Mitwirkung; Fairer Wettbewerb; Gesellschaftliche Verantwortung in der Wertschöpfungskette fördern

6 Konsumentenanliegen

Faire Werbe-, Vertriebs- und Vertragspraktiken sowie sachliche und unverfälschte, nicht irreführende Informationen; Schutz von Gesundheit und Sicherheit der Konsumenten; Nachhaltiger Konsum; Kundendienst, Beschwerdemanagement und Schlichtungsverfahren; Schutz und Vertraulichkeit von Kundendaten; Sicherung der Grundversorgung; Verbraucherbildung und Sensibilisierung

7 Einbindung und Entwicklung der Gemeinschaft

Einbindung der Gemeinschaft; Bildung und Kultur; Schaffung von Arbeitsplätzen und berufliche Qualifizierung; Technologien entwickeln und Zugang dazu ermöglichen; Schaffung von Wohlstand und Einkommen; Gesundheit; Investitionen zugunsten des Gemeinwohls

Kasten 3: Kernthemen und Handlungsfelder
(DIN ISO 26000:2011-01, S. 36 ff.)

Blick in die die Zukunft 2.3

Die Auseinandersetzung mit gesellschaftlicher Verantwortung ist kein Projekt, das einen Anfang und ein Ende hat, sondern vielmehr ein Prozess, der stetiger Weiterentwicklung bedarf. Nur so kann eine Organisation etwaige Risiken identifizieren, „State-of-the-Art" sein und einen ganz eigenen, individuellen Beitrag zur gesellschaftlichen Verantwortung leisten.

Gleiches gilt auch für die Norm selbst. Internationale Standards werden in der Regel nur alle fünf Jahre überarbeitet. Die ISO 26000 soll hingegen – wie bereits von der ISO-Arbeitsgruppe 2010 beschlossen – nach drei Jahren einer systematischen Überarbeitung unterzogen werden.

Nach der Auflösung der ISO-Arbeitsgruppe wurde eine „Post Publication Organization“ (PPO) gegründet, die jährliche Umfragen zur ISO 26000 durchführt. Diese Umfragen dienen der Sammlung von zusätzlichen Informationen, die die Anwendung und Implementierung der ISO 26000 betreffen. 2013 fand die jährliche Umfrage nach dem systematischen Review statt. Alle ISO-Mitglieder wurden aufgefordert, an beiden teilzunehmen: an der jährlichen Umfrage und an der systematischen Überarbeitung. Zusätzlich wurden auch alle Experten und Organisationen, die Teil der vorherigen ISO-Arbeitsgruppe waren, aufgerufen, an dem systematischen Überarbeitungsprozess der ISO 26000 zu partizipieren.

In der systematischen Überarbeitung soll ermittelt werden, ob der Standard bestätigt, abgeändert oder gar zurückgezogen wird. Der systematische Überarbeitungsprozess der ISO 26000 wird fünf Monate in Anspruch nehmen und von dem zentralen ISO-Sekretariat gesteuert werden. Hierzu werden verschiedene Fragen versandt, mit denen geklärt werden soll, wie die ISO 26000 in der Praxis angenommen wurde und welche Änderungen in den Standard aufgenommen werden sollten, um dessen weltweite Bedeutung und Aktualität sicherzustellen. Die PPO wird dann alle eingegangenen Rückmeldungen und Kommentare überprüfen. Im Anschluss wird sie dem ISO „Technical Management Board“ (TMB) Empfehlungen aussprechen, welches dann über finale Änderungen entscheiden wird.

Eine Modifizierung des jetzigen Fokus der ISO 26000 kann nicht im Rahmen einer systematischen Überarbeitung stattfinden – eine solche fundamentale Änderung bedarf eines neuen Proposals. Hierzu zählt auch die Umwandlung des Standards in eine zertifizierbare Norm oder in eine Managementsystem-Norm. Sollte jedoch die Mehrheit für eine Änderung des bisherigen Fokus stimmen (z. B. für eine Überarbeitung der ISO 26000 hin zu einer Managementsystem-Norm), wird die PPO mit dem zentralen ISO-Sekretariat die Vorbereitungen für ein „New Work Item Proposal“ veranlassen. Es bleibt also abzuwarten, welche Ergebnisse die Umfrage bringen wird.

Auf nationaler Ebene lässt sich jedoch beobachten, dass neben Brasilien und Australien auch immer mehr europäische Länder zertifizierbare Standards zum Thema gesellschaftliche Verantwortung herausgeben, die sich an der ISO 26000 orientieren (vgl. hierzu Kapitel 6). So hat Österreich bereits 2011 die zertifizierbare ONR 192500 entwickelt. In Spanien existiert die RS 10, in Portugal die NP 4469. Die Niederlande haben 2011 einen Standard zur Selbsterklärung nach ISO 26000 veröffentlicht (NPR 9026:2011) und in Dänemark werden die zertifizierbaren Standards DS 49001 und der Leitfaden DS-Guide 49004 verwendet. Diese Entwicklung zeigt das Bedürfnis der Praxis nach einer zertifizierbaren Fassung der Norm. Eine Skizzierung der Gründe dafür findet sich insbesondere im Beitrag von Gisela Eickhoff der Harting KgaA (vgl. Kapitel 5.5).

Ob man sich darauf in absehbarer Zeit auch auf internationaler Ebene wird verständigen können, bleibt abzuwarten. Ein Treiber innerhalb Europas könnte die vor Kurzem von der Europäischen Kommission beschlossene Transparenzpflicht im Bereich CSR und Nachhaltigkeit für Unternehmen ab 500 Mitarbeitern werden (European Commission 2014). Denn dabei wird neben der Option, nach dem etablierten, aber äußerst aufwändigen Berichtsstandard von GRI schriftlich zu berichten, auch eine Orientierung an einschlägigen globalen Umsetzungsstandards wie der ISO 26000 vorgeschlagen. Unternehmen, die sich bislang noch nicht systematisch mit dem Thema auseinandergesetzt haben, werden feststellen, dass der Leitfaden ISO 26000 bereits wertvolle Hilfen dafür bietet. Die Entwicklungen der nächsten Monate werden sicherlich eine erste Tendenz erkennen lassen, ob sich auch in Deutschland der Wunsch nach einem zertifizierbaren Standard durchsetzen kann.

Aktuelle CSR-Trends und -Entwicklungen in Deutschland und weltweit 3

Karin Huber

Inhaltliches 3.1

Die Bedingungen globaler wirtschaftlicher Verflechtungen und finanzieller Volatilität stellen Unternehmen heute vor große Herausforderungen bei der Umsetzung verantwortungsvollen Handels in die Realität. Die Möglichkeiten und Grenzen ethischen Wirtschaftens stellen dabei die Grundlage des Handlungsrahmens und der Verhaltensrichtlinien für Management und Entscheidungsträger dar. Wo unternehmerische Verantwortung anfängt, wo sie aufhört und welche Bereiche sie abdecken sollte, ist daher auch immer stärker Teil der öffentlichen und politischen Diskussion. Internationale Richtlinien für Corporate Social Responsibility (CSR) wie die ISO 26000, der Global Compact oder die OECD-Guidelines spielen hier eine wichtige Rolle. Sie legen weltweit gültige Mindeststandards fest, an denen unternehmerische Verantwortung gemessen und weiterentwickelt werden kann.

Entwicklung von CSR 3.2

Fragen der Wertschöpfung von Unternehmen unter globalen Nachhaltigkeitsgesichtspunkten zu betrachten und diese in die Geschäftsprozesse und die Unternehmensstrategie zu integrieren, erfordert professionelles Management von Verantwortungsübernahme. Die Verwendung entsprechender, international gültiger Richtlinien und Standards trägt dabei eindeutig zur Erhöhung von Glaubwürdigkeit und Legitimität der Nachhaltigkeitsbemühungen bei. Unter den Bedingungen rasanter gesellschaftlicher Veränderungen und dem Umgang mit dadurch entstehenden Risiken wird es so zu einer Differenzierung zwischen global agierenden Unternehmen kommen:

Unternehmen, die CSR gar nicht oder ausschließlich reaktiv betrachten, also rein auf die Einhaltung geltender Regelungen und Gesetze achten oder CSR als Reaktion auf Druck von außen zur Absicherung gegenüber weiteren Risiken verwenden, werden weitaus weniger profitieren können als Unternehmen, deren CSR-Verständnis in direktem Bezug zu Geschäftstätigkeit und Kernkompetenz steht und mit einem klaren Bekenntnis zur Übernahme von Verantwortung aktiv betrieben wird.

Strategisches CSR-Management hingegen wird in der Lage sein, Verantwortungsübernahme im Selbstverständnis des Unternehmens sowie den internen Prozessen und Systemen fest zu verankern, um so dem Aufbau von Wettbewerbsvorteilen zu dienen. Die Entwicklung hin zu einer proaktiven Herangehensweise und Verständnis von CSR wird jedoch nur auf Basis von integriertem Verantwortungsmanagement erfolgen können, welches über die eigene Geschäftstätigkeit hinausgeht, mit dem Ziel, Teil der Lösung gesellschaftlicher Probleme zu sein (gemeinsam mit anderen Akteuren wie NGOs, Sustainable oder Social Entrepreneurs, Regierungen u. a.). Hier erschließen sich neue Märkte und Geschäftsmöglichkeiten durch Legitimation („social license to operate"[1)]) ebenso wie Innovation und Zukunftsfähigkeit mit der Perspektive auf langfristigen Erfolg basierend auf gesellschaftlicher Veränderung.

3.2.1 CSR in Europa

Die letzten Jahre ließen in den westlichen Industrienationen insgesamt eine gewisse Sättigung führender Unternehmen im Bereich CSR erkennen. Oberflächlich betrachtet, könnte dies mit der angespannten Wirtschaftslage aufgrund der Finanzkrise zusammenhängen, jedoch auch durch einbrechende staatlichen Investitionen sowie eine besonders von kleinen und mittleren Unternehmen immer wieder beklagte Kreditklemme verursacht sein. Bei genauerem Hinsehen und in Gesprächen mit Unternehmen zeigt sich jedoch oft, dass Studien und Untersuchungen zum Trotz, in denen immer wieder die wachsende oder große Bedeutung von Verantwortungsübernahme durch Unternehmen in Form von CSR betont wird[2)], für Unternehmen in der Praxis doch oftmals der für sie unzureichende Nachweis des wirtschaftlichen Erfolgs von CSR dabei eine Rolle spielt. Die Entwicklung von relevanten Kennzahlen, welche den Anteil von CSR am wirtschaftlichen Erfolg belegen, die angenommenen unternehmerischen Nachteile durch CSR-Management sowie die damit verbun-

---

1) Die „social license" wird von der Gemeinschaft/den Stakeholdern bzw. den Betroffenen gewährt. Je weitreichender die sozialen, wirtschaftlichen und ökologischen Auswirkungen eines Unternehmens oder Projektes sind, desto schwieriger wird es, das Wohlwollen der Gesellschaft bzw. der Betroffenen zu erwirken.

2) CEO Nachhaltigkeitsstudie unter 1 000 Vorstandschefs in 103 Ländern, Accenture, 20.09.2013; Trendstudie zu Moral und Werten, RAL Deutsches Institut für Gütesicherung und Kennzeichnung, 17.02.2014; Zukunftsthema Corporate Social Responsibility, SORA Institut, 05.09.2013; Whitepaper Soziale Nachhaltigkeit, DV-Ratio, 05.12.2013

denen Vorteile des unter Greenwashing-Generalverdacht stehenden Mitbewerbs scheinen einen guten Teil der Unternehmen von individuellen Bemühungen um Nachhaltigkeit und Verantwortung abzuhalten oder zumindest zu bremsen.

Dieser Haltung entgegen steht die von Öffentlichkeit, Medien, Verbraucherverbänden und NGOs zunehmend an Unternehmen gestellte Forderung nach transparenter Darstellung von Entscheidungen und Aktivitäten, die über die finanzielle Berichterstattung hinausgehen. Nicht-finanzielle Informationen zum Beitrag zu gesellschaftlicher Entwicklung des Unternehmens sowie die Überprüfbarkeit dieser Angaben definieren die Glaubwürdigkeit der Verantwortungsübernahme. Kritische und zunehmend gut vernetzte Konsumenten, NGOs und Journalisten, ebenso wie andere Interessen- und Anspruchsgruppen wie Shareholder und Investoren sehen darin einen wichtigen Beitrag in vertrauensvolle Außenbeziehungen von Organisationen. Maßgeblich ist hierbei jedoch, ob die Nachhaltigkeitsbemühungen des Unternehmens nachvollziehbar und authentisch dargebracht werden oder ob hinter den CSR-Aktivitäten von Unternehmen ein reines PR- und Marketingkonzept zu erkennen ist.

Greenwashing vorzubeugen, ist auch eine der Maßnahmen, welche die EU-Kommission in ihrem Kommunikationspapier (vgl. EU KOM 2011a) vom 25. Oktober 2011 ausdrücklich erwähnt, indem sie irreführende Werbeaussagen zur Ökoleistung eines Produktes verhindern und die sozialen und ökologischen Anstrengungen von Unternehmen transparenter machen möchte. Auch bricht sie in dem Papier mit ihrer bislang verfolgten Linie, die Berücksichtigung von Umwelt- und Sozialbelangen liege im Ermessen der Unternehmen und sei prinzipiell freiwillig, indem sie CSR nun als „die Verantwortung von Unternehmen für ihre Auswirkungen auf die Gesellschaft" definiert. Die Kommission bekennt sich auch zu Regeln für die europäische Wirtschaft, die die Unternehmensverantwortung voranbringen sollen, und empfiehlt hierfür ausdrücklich die international anerkannten CSR-Leitlinien und -Grundsätze der ISO 26000, des UN Global Compact und der OECD-Richtlinien für multinationale Unternehmen. Ebenso hat die Europäische Kommission im April 2013 einen Vorschlag eingebracht, um die Transparenz größerer Unternehmen zu verbessern und sie zur Berichterstattung über Nachhaltigkeitsthemen zu verpflichten. Demnach sollen Firmen ab 500 Mitarbeitern künftig ihre Grundsätze, Risiken und Ergebnisse in Bezug auf Umwelt-, Sozial- und Arbeitnehmerbelange, Achtung der Menschenrechte, Bekämpfung von Korruption und Bestechung sowie Vielfalt in den Leitungs- und Kontrollorganen offenlegen. Die Annahme bleibt abzuwarten[3], ist jedoch bei einigen europäischen Industrieverbänden bereits auf Ablehnung gestoßen. Das Potenzial scheint groß: Laut Kommission veröffentlichen geschätzte 2 500 europäische Unternehmen CSR- oder Nachhaltigkeitsberichte. Dies ist entspricht zwar einem höheren Prozentsatz als auf anderen Kontinenten, allerdings handelt es sich dabei nur um einen Bruchteil der 42 000 in der EU operierenden Großunternehmen.

Als Begründung für diese neue Sichtweise gibt László Andor, EU-Kommissar für Beschäftigung, Soziales und Integration, in einer Pressemitteilung vom 25.11.2011 (vgl. EU KOM 2011b) die durch die Wirtschafts- und Finanzkrise veränderte gesellschaftliche Erwartung an Unternehmen an: „Sozial verantwortliches unternehmerisches Handeln entstammt dem Bewusstsein, dass es in der Krise nicht nur um Wirtschaft und Finanzen, sondern auch um **Ethik** geht. Werte wie **Solidarität, Tragfähigkeit, Integration und Integrität** werden von Unternehmen nicht immer hochgehalten. Ich denke, unsere Volkswirtschaften haben darunter gelitten. Daher können die Sozialwirtschaft und die soziale Verantwortung von Unternehmen deutliche Zeichen setzen und zu den Zielen der Strategie ‚Europa 2020', mehr Arbeitsplätze und Wachstum zu schaffen, beitragen."

Abzuwarten wird sein, wie die Politik dem Widerstand der Industrieverbände begegnen wird. Auf europäischer Ebene gibt es im Kommissionspapier bereits Überlegungen dazu, Aufträge der öffentlichen Hand in Zukunft stärker nach Nachhaltigkeitsgesichtspunkten zu vergeben. Die Umsetzung und Schaffung nationaler Rahmenbedingungen zur Herstellung von mehr Transparenz auf Unternehmensebene sowie die Förderung bereits vorbildlich handelnder Unternehmen stehen also noch aus. Die Bestrebungen der Kommission gehen jedoch dahin, dass Nachhaltigkeitsbemühungen sich für Unternehmen rentieren und gleichzeitig intransparente Unternehmen davon abgehalten werden sollen, Wettbewerbsvorteile durch Informationsdefizite erlangen zu können.

3.2.2 CSR in den aufstrebenden Industrieländern

Entwicklungsländer waren nicht nur stark in die Entwicklung der ISO 26000 involviert und engagiert, sie zeigen auch nach der Veröffentlichung dieser Norm großes Interesse an einem international gültigen Verständnis von CSR.

---

[3] Der Vorschlag der Kommission wurde am 15. April 2014 vom EU-Parlament angenommen. Die nationale Umsetzung der Direktive soll bis 2016 erfolgen (European Commission 2014).

In der Rangliste der 2013 Global 100 Most Sustainable Companies in der Welt liegt ein brasilianisches Unternehmen an zweiter Stelle. Weitere vier finden sich in den Top 100. Dies kann durchaus als ein Hinweis auf eine Emanzipation der Entwicklungs- und Schwellenländer gesehen werden. Sie stellen zunehmend Unternehmen, die nicht mehr länger nur als Risikobereich in der Lieferkette westlicher Industrie- und Handelsunternehmen zu sehen sind. Aufstrebende Wirtschaftsnationen wie Brasilien, Indien, China, aber auch Mexiko, Nigeria, Türkei und andere entwickeln auch im Bereich CSR eine neue Dynamik. Soziale Innovationen oder soziales Unternehmertum finden in diesem Umfeld ein kreatives Betätigungsfeld.

Während südamerikanische Staaten oftmals eine historisch bedingte, enge Verbindung zu gesellschaftlicher Verantwortung haben und diese nun gewissermaßen modernisiert auf Regierungs- und Behördenebene einbringen[4)], profitieren sozial nachhaltig agierende Unternehmen vom Wohlwollen ihrer Stakeholder, wie Politik und Behörden oder lokale Bevölkerung. Sie finden so ein fruchtbares Geschäftsumfeld vor und können die dadurch entstehenden Marktchancen ideal nutzen.

Indien sieht seine CSR-Herausforderung in den durch die technologisch hoch entwickelten Gesellschafts- und Wirtschaftsbereichen einerseits und andererseits in der durch hohe Bevölkerungszahlen und Armut entstehenden Kluft in der Gesellschaft. Mit dem Indian Companies Act 2013 wird versucht, auf legislativer Ebene eine Anbindung von gesellschaftlichem Engagement an das Kerngeschäft zu erwirken. Unternehmen ab einer festgelegten Reingewinn- oder Umsatzgrenze sind laut Abschnitt 135 verpflichtet, zwei Prozent davon in definierte Kerngeschäftsbereiche zu investieren. Diese gehen über das derzeit übliche Konzept der Corporate Philantropy, Sponsoring und Charity deutlich hinaus und sollen die Entwicklung von CSR beschleunigen. Es bleibt abzuwarten, ob und wie die im Company Act angekündigten Geld- und Gefängnisstrafen für Verstöße und Zuwiderhandeln für die verpflichtend einzurichtenden und verantwortlichen CSR-Komitees auf Managementebene exekutiert werden und welche Auswirkungen das Gesetz in der Praxis haben wird.

---

4) Beispiele: Quito/Ecuador: Stadtrat für Soziale Verantwortung, zuständig für Politik, Programme und Projekte in Bezug auf soziale Verantwortung auf nationaler Ebene, welches die Verwaltungsbehörden der Stadt in allen mit sozialer Verantwortung zusammenhängenden Fragen unterstützt. Medellin/Kolumbien: von Wall Street Journal 2013 aufgrund seiner enormen sozialen Errungenschaften vor New York und Tel Aviv zur „Innovative City of the Year" ernannt (vgl. Wall Street Journal).

Die aufstrebenden Wirtschaften Afrikas sind auf dem besten Wege, sich aus Korruption und lokalen Konflikten zu befreien. Umwelt und soziale Themen werden in Staaten wie Südafrika, Nigeria, Uganda, Sambia, Tansania und anderen unter dem Gesichtspunkt der Errichtung und Stabilisierung von Infrastruktur gesehen. Fehler der jüngeren Vergangenheit wie Ausbeutung und Umweltzerstörung durch globale Konzerne aus Europa, USA oder China sollen getilgt werden. So hat beispielsweise Nigeria 2013 die von der Nigerianischen Zentralbank gemeinsam mit der International Finance Corporation (IFC) der Weltbank ausgearbeiteten „Nigerian Sustainable Banking Principles“ verabschiedet. Im vergangenen Jahr wurden alle Finanzinstitute des Landes dazu verpflichtet, die Prinzipien in ihre Geschäftsstrategie und -aktivitäten zu integrieren und jährlich an die Zentralbank über ihre Fortschritte zu berichten. Dies soll die Entwicklung von Corporate Philanthropy zu strategischer Corporate Social Responsibility und Verantwortungsübernahme im Kerngeschäft beschleunigen. Ziel der nigerianischen Regierung ist es, dass Banken durch eine nachhaltige Ausgestaltung ihres Kerngeschäfts einen substanziellen Beitrag zur Entwicklung der Gesellschaft des Landes leisten.

Die chinesische Regierung hingegen hat mit ihren Zielen im „12. Fünfjahresplan“ eindeutige Akzente zur Integration von sozialen und ökologischen Belangen in die Unternehmenstätigkeiten gesetzt, deren Auswirkungen sich bereits in den großen Staatsbetrieben durch deren CSR-Vorreiterrolle ablesen lassen.

So verschieden die Herangehensweisen auch sein mögen: es zeigt sich ein Trend zu staatlichen Eingriffen und ein großer Bedarf an Professionalisierung und Entwicklung von CSR-Management in den Entwicklungs- und Schwellenländern, jedoch mit einer ungeheuren Dynamik versehen, sodass es hier sehr rasch schon in absehbarer Zeit zu einer spürbaren Veränderung der Marktbedingungen für gesellschaftlich verantwortungsvoll agierende Unternehmen kommen wird.

3.3 Weltweite Resonanz auf die ISO 26000

Die Überführung der internationalen Richtlinie zur gesellschaftlichen Verantwortung von Organisationen ISO 26000 in nationale Standards schreitet währenddessen voran. Die Norm wurde bereits von 44 Ländern als nationaler Standard adaptiert, während 17 weitere Länder an einer Adaption arbeiten bzw. diese planen. Laut den vorläufigen Ergebnissen der Erhebung 2014 der ISO 26000 PPO Survey wurden bereits 16 000 Ausgaben des Standards, der in 27 Sprachen übersetzt erhältlich ist (fünf weitere Sprachen, darunter chinesisch, italienisch oder ungarisch), verkauft, weitere 2 500 wurden an Non-Profit-Organisationen vergeben. Japan liegt mit mehr als 3 000 verkauften Ausgaben an erster Stelle, gefolgt von Frankreich mit mehr als 2 500, Brasilien mit über 1 500 sowie Schweden mit derzeit etwa 800 Stück. Dies gibt berechtigten Anlass zur Hoffnung, dass der noch junge Standard[5] rasch weltweite Verbreitung und Annahme durch die Unternehmen als gültiger Maßstab zur Bewertung der eigenen unternehmensethischen Aktivitäten findet.

Die nominelle Ausgewogenheit der Stakeholdergruppen im Entstehungsprozess sowie die hohe Beteiligung der Entwicklungs- und Schwellenländer, die in den Jahren von 2004 bis 2010 von 47 % auf 70 % anstieg, sind positiv zu bewerten und als erfolgreiche Integration dieser Länder in den Entwicklungsprozess zu sehen, welches sich auch in der Verbreitung niederschlagen wird. Die ISO 26000 verfügt auf Basis dieses Multistakeholder-Entstehungsprozesses über ein bisher nicht erreichtes Maß an normativer Legitimität. Obwohl es Stimmen gibt, die eine Zertifizierbarkeit des Standards anregen, ist zum gegenwärtigen Zeitpunkt noch nicht klar, welchen Weg die derzeit lediglich unverbindlichen und daher ausdrücklich nicht zertifizierbaren Richtlinien in Zukunft nehmen werden.

Themen, die die CSR-Debatte zurzeit dominieren 3.4

Stakeholdereinbeziehung und Wesentlichkeit 3.4.1

Die ebenfalls in einem Multistakeholderprozess von der Global Reporting Initiative (GRI) entwickelte und im Mai 2013 erschienene neue Richtlinie G4 zur Nachhaltigkeitsberichterstattung stellt einen guten Schritt in Richtung integrierter Berichterstattung dar. Die deutlichste Veränderung verglichen mit den vorangegangenen Richtlinien G3 und 3.1 ist die Konzentration auf das „Wesentliche“ (engl. Materiality). Unternehmen sollen genau die Felder identifizieren, in denen sie die bedeutendsten Auswirkungen ihres Handelns auf die Umwelt und Gesellschaft sehen. Voraussetzung dafür ist ein intensiver Dialog mit den wichtigsten Stakeholdergruppen bereits im Vorfeld der Berichterstattung, der Unternehmen dabei unterstützt, den Kern ihres geschäftlichen Handelns zu erkennen und ihre CSR-Themen direkt in ihre Geschäftsstrategie einzuarbeiten. Unternehmen müssen sich so auf die zentralen Themen konzentrieren und diese dann auch klar benennen. Durch diese Fokussierung entstehen hoffentlich nicht nur glaubwürdigere Berichte, sondern auch interessantere, da die oftmals weniger relevanten Randbereiche wegfallen.

[5] Erstveröffentlichung in englischer Sprache am 1. November 2010.

Die Umstellung für berichtende Unternehmen ist bis 2015 möglich. Die Stakeholdereinbeziehung stellt für viele Unternehmen noch eine Hürde dar, da es für viele (noch) nicht ihrem Selbstverständnis entspricht, Stakeholder zu hören und aus dem Gehörten eine Aktion abzuleiten. Zu stark sind jahrzehntelange Kontrollmechanismen, um den Ebenen des Stakeholder-Engagements entsprechend über die ersten beiden („Inform“ und „Consult“) hinauszugehen und „Involve – Einbeziehung“, „Collaborate – Kooperation“ bis zu „Empower – Ermächtigung“ zu folgen.

Die G4-Richtlinien stellen jedoch sicherlich einen nachhaltigen Beitrag dar, CSR durch die Auseinandersetzung mit den Stakeholdern die Rolle des Unternehmens in der Gesellschaft besser zu erkennen und zu definieren sowie CSR tiefer im Unternehmen zu verankern. Sowohl Einsteiger können davon profitieren als auch Fortgeschrittene, die damit zur Schärfung eines bestehenden CSR-Profils beitragen können. Das soeben erschienene G4-ISO 26000 Linkage-Dokument stellt eine wichtige Brücke dar, um die Themen und Handlungsfelder im Unternehmen für die Berichterstattung klar abzugrenzen und für den Stakeholderdialog transparent darzustellen.

3.4.2 Supply Chain und Konsumententhemen

Die Anforderungen an das Lieferantenmanagement bedeuten für eine global vernetzte Wirtschaft eine Herausforderung von nie gekannter Komplexität. Nicht mehr nur Qualität, Zuverlässigkeit und Preis sind ausschlaggebend, inzwischen gehören ebenso ökologische und soziale Aspekte entlang der gesamten Lieferkette sowie der Aufbau langfristiger und stabiler Beziehungen zu Lieferanten zum Lieferkettenmanagement. Nachhaltigkeitsaspekte werden immer stärker in den Code of Conduct integriert und den Lieferanten kommuniziert. Deren Nachhaltigkeitsleistungen müssen aber im Sinne einer Risikominimierung ebenfalls regelmäßig überwacht und auditiert werden, am besten anhand von Umwelt- und Sozialmanagementstandards oder nachweislich nach ISO 26000 implementiert sein. Diese Aufgabe wird Unternehmen in den nächsten Jahren stark beschäftigen, weshalb auch die neuen G4-Richtlinien stark darauf Bezug nehmen.

Der vielbeschworene „kritische Konsument“ wird uns ebenfalls erhalten bleiben. Nicht weil die Unternehmen oder die Gesetzgebung die geforderte Transparenz herstellen oder der geforderte Verbraucher gewillt wäre, sich durch einen Label-Dschungel zu „fräsen“, sondern weil moderne Kommunikationstechnologien es möglich machen, auf Knopfdruck Informationen jeder Art nicht nur abzurufen, sondern auch zu verbreiten. Produktqualität, Inhaltsstoffe, Serviceleistungen, Kundenfreundlichkeit und vieles mehr werden kinderleicht bewertet, ins Netz gestellt und geteilt. Die Manipulation dieser Informationen durch Unternehmen in ihrem Sinne erweist sich oftmals als größerer Aufwand als die tatsächliche Behebung des vermeintlichen Problems. Kosten, Chancen und Wettbewerbsvorteile durch CSR-Management von Konsumententhemen können sich hier als die „nachhaltigere" Lösung erweisen.

Ausblick 3.5

In den westlichen Industriestaaten scheint derzeit von einigen CSR-Akteuren unter den Unternehmen eine Art Plateau erreicht worden zu sein. Sie befinden sich aufgrund frühzeitiger und mittlerweile langjähriger Beschäftigung mit Nachhaltigkeitsthemen auf einem hohen Niveau, während viele andere noch ein gutes Stück Weg dorthin haben. Der Erfahrungsaustausch innerhalb von Sektoren oder Branchen, aber auch der Unternehmen untereinander („von den Besten lernen") gewinnt in diesem Zusammenhang stark an Bedeutung. Der Großteil der Unternehmen befindet sich jedoch leider immer noch in der weiten Ebene der Vernachlässigung des Themas. Die „Freiwilligkeit" der Verantwortungsübernahme ist scheinbar an ihre Grenze gestoßen – hier gilt es abzuwarten, welche Bewegung durch europäische oder staatliche Initiativen zur Verantwortungsübernahme von Unternehmen erzielt werden kann. Gleichzeitig entsteht eine neue Dynamik in den aufstrebenden Wirtschaften Asiens, Südamerikas und Afrikas, welche von Europa mit Aufmerksamkeit verfolgt werden sollte, da deren Auswirkungen im Hinblick auf globale wirtschaftliche Verflechtungen und Lieferketten in den kommenden Jahren bis hin zum Mittelstand spürbar werden können. Gipfel gibt es noch viele zu stürmen, aber nicht alle werden es schaffen, den Mühen der Ebene zu entkommen. Wer sich mit der besten Ausrüstung, internationalen Standards und schon bald auf den Weg macht, hat jedoch immer noch die besten Chancen, dabei zu sein.

Umsetzung der DIN ISO 26000 4

Joachim Rottluff und Prof. Dr. Annette Kleinfeld

Einleitung 4.1

Die DIN ISO 26000 schafft einen international anerkannten Referenzrahmen für die Wahrnehmung gesellschaftlicher Verantwortung durch Organisationen aller Art (Unternehmen, staatliche Institutionen, Vereinigungen, Bildungseinrichtungen etc.). Die Norm befasst sich mit einem hoch komplexen Thema. Entsprechend komplex und umfangreich sind die Anforderungen an Unternehmen und Institutionen, die den Empfehlungen des Leitfadens entsprechen wollen. Der Abschnitt 7 der Norm gibt eine Reihe von Hinweisen zur Umsetzung mit dem Ziel der „organisationsweiten Integration" gesellschaftlich verantwortlichen Entscheidens und Handelns.

Bezüglich der Umsetzung der Norm stehen aus Sicht der Autoren zwei Aufgaben im Vordergrund:

- In der Organisation auf allen Ebenen Aufmerksamkeit zu erzeugen für Fragen des werteorientierten Handelns als Grundlage der Wahrnehmung gesellschaftlicher Verantwortung;
- Regelungen zu schaffen und umzusetzen bzw. Routinen zu etablieren, die gewährleisten, dass sich alle Akteure in ihren jeweiligen Verantwortungsbereichen verantwortungsbewusst verhalten.

Die Autoren empfehlen, die zusätzlichen Regelungen in das formal und/oder informell bestehende Managementsystem des Unternehmens zu integrieren. Es wird aufgezeigt, wie sich ein ganzheitliches Managementsystem so gestalten lässt, dass die Führung darauf vertrauen kann, dass alle rechtlichen, normativen und ethischen Ansprüche erfüllt werden und wirtschaftlicher Erfolg (bei Unternehmen) bzw. die Erfüllung des Auftrages (bei anderen Organisationen) sowohl nachhaltig als auch auf nachhaltige Art und Weise gewährleistet wird. Die Autoren wenden sich damit ausdrücklich gegen Positionen, die behaupten, CSR ließe sich allein durch „Drüber-Reden" und vereinzelte gemeinnützige Aktivitäten oder „CSR-Events" wirksam in einer Organisation verankern.

Was heißt „Umsetzen“ im gegebenen Kontext für Unternehmen und Institutionen?

Man könnte Unternehmen und Institutionen einfach als Ansammlung von Individuen betrachten und käme zu dem Schluss, dass sich ein Unternehmen oder eine Institution dann verantwortungsvoll verhält, wenn jedes seiner Mitglieder ethisch angemessen handelt. In der Konsequenz würde man dann das Handeln eines kollektiven Akteurs auf das Verhalten Einzelner reduzieren. Dieses Herangehen verkennt, dass der Einzelne durch das System „Unternehmen/Institution“ in seinem Entscheiden und Handeln stark beeinflusst wird. Genau darin besteht auch der Sinn allen Organisierens: das Handeln der Organisationsmitglieder zu kanalisieren, um so – durch Arbeitsteilung und Synchronisierung – als kollektive Akteure einen Leistungsvorteil zu erreichen. Daran schließt sich die Frage an, wie ein System zu gestalten ist, damit erwünschtes Verhalten begünstigt und unerwünschtes Verhalten unterdrückt wird? Diese Frage richtet sich an die obersten Führungskräfte, denn diese sind an erster Stelle für die Gestaltung der Organisation verantwortlich.

Eine erste Teilantwort auf die in der Kapitelüberschrift gestellte Frage nach dem **Akteur** für das „Umsetzen“ ist damit gegeben: Die Führungskräfte aller Ebenen, und zwar von oben nach unten. Wenn das Top-Management selbst kein deutliches, unübersehbares Zeugnis für wertebasiertes Verhalten ablegt, wird es kein entsprechendes Verhalten in den nachgeordneten Organisationseinheiten geben.

Gleichzeitig wird eine Grundannahme für die weitere Argumentation deutlich: Menschen verhalten sich keineswegs unter allen Umständen gemäß geltenden moralischen Ansprüchen. Menschen stehen ständig vor Entscheidungen und können sich dabei mehr oder weniger wertekonform entscheiden. Dieses Entscheidungsverhalten lässt sich von außen, von ihrem Umfeld her beeinflussen – im Guten wie im Schlechten.

Menschen in Organisation haben individuelle Entscheidungsspielräume, aber diese Spielräume haben Grenzen. Kollektives Handeln und kollektive Verantwortung bedingen sowohl die Möglichkeit als auch die Pflicht, durch die bewusste Gestaltung der organisationalen Rahmenbedingungen das Verhalten der einzelnen Organisationsmitglieder zu kanalisieren[6)].

„Umsetzen" heißt vor diesem Hintergrund, die Organisation in geeigneter Art und Weise zu gestalten, und dies wiederum ist Aufgabe der obersten Leitung. Bei „Gestalten" kann man zwei Aspekte unterscheiden: einerseits die informelle und andererseits die formelle Unternehmenssteuerung. Zur informellen, kulturgetriebenen Steuerung gehört, dass es im Unternehmen ein geteiltes Verständnis davon gibt, was erwünscht, was unerwünscht und was verboten ist. Häufig sind diese Grundsätze nicht explizit als Orientierung schriftlich festgehalten, entfalten aber gleichwohl eine starke normative Wirkung, z. B. bekommt der Neuling es zu spüren, wenn er dagegen verstößt: „So machen wir das hier nicht!".

Eine der ersten Aufgaben im Hinblick auf die Umsetzung der DIN ISO 26000 ist das explizite Klären dieser Grundregeln. Dies geschieht am besten in einem ausführlichen, alle Bereiche der Organisation einbeziehenden Diskurs über „Gut und Böse", hier konkret über das, was gesellschaftlich verantwortliches Handeln im jeweiligen bereichs- oder arbeitsplatzspezifischen Kontext bedeutet, welche Werte und Grundprinzipien dabei wie zu befolgen sind und welche Verhaltensweisen oder Praktiken dem selbst gesetzten ethischen Anspruch des Unternehmens nicht gerecht werden.

---

6) Diese Darstellung geht davon aus, dass der Bildung von Organisationen ein höchst egoistisches Motiv zugrunde liegt, nämlich dass der jeweilige einzelne Akteur durch Einbindung in die Organisation sein eigenes „Aufwand-Nutzen-Verhältnis" optimiert. Anders formuliert: Der Mensch ist sozial, weil er egoistisch ist. Damit verschiebt sich der Widerspruch von egoistisch ↔ altruistisch bzw. individualistisch ↔ sozial hin zu kurzsichtig ↔ weitsichtig bzw. dumm ↔ intelligent. Diese Betrachtungsweise eröffnet einen zusätzlichen Zugang zur Behandlung dieses Widerspruchs, weil er den (seine Wirkung häufig verfehlenden) moralischen Appell ergänzt um ein rationales Kalkül im Sinne der Wahrnehmung langfristiger Interessen und Sicherung von Zukunftsfähigkeit. Moralische Prinzipien erscheinen vor diesem Hintergrund als Ausdruck von über Generationen hinweg herausgebildeter Weisheit über die Bedingung der langfristigen Existenzsicherung sozialer Gebilde. Diese Sichtweise behauptet damit, dass sich auf lange Sicht individuelle Interessen und Gesamtinteressen decken, allerdings analog zur Aussage, dass sich Parallelen im Unendlichen schneiden. In der jeweiligen konkreten Situation können trotzdem die subjektiv wahrgenommenen Einzelinteressen sehr wohl mit dem letztendlich fiktiven Gesamtinteresse in Widerspruch geraten.

Dieser Meinungsbildungsprozess ist eine notwendige, aber keine hinreichende Voraussetzung für die Verankerung integren, gesellschaftlich verantwortlichen Verhaltens in der Organisation. Die informelle Steuerung ist durch eine formelle Steuerung zu ergänzen. Dafür gibt es zunächst drei Ansatzpunkte: das Zielsystem, die Ablauf- und die Aufbauorganisation. Diese drei Regelungsbereiche sind in geeigneter Form zu dokumentieren (vgl. Abb. 1).

Damit lässt sich die im Kontext von CSR zu beantwortende Frage nach der guten und verantwortlichen Gestaltung einer Organisation wie folgt konkretisieren: Welchen allgemeinen Anforderungen muss die Aufbau- und Ablauforganisation genügen, um bei aller Individualität der einzelnen Institution (Corporation) zu gewährleisten, dass die organisationsspezifischen Ziele unter Einhaltung allgemeinverbindlicher gesellschaftlicher Regeln angestrebt und verwirklicht werden?

Leitfragen

- Gibt es für die Organisation ein schlüssiges Zielsystem?
- Sind die Prozesse auf die Erreichung der Ziele ausgerichtet?
- Ist für jeden Bereich geklärt, wer verantwortlich für die Zielerreichung und für die Umsetzung der Prozessvorgaben ist?

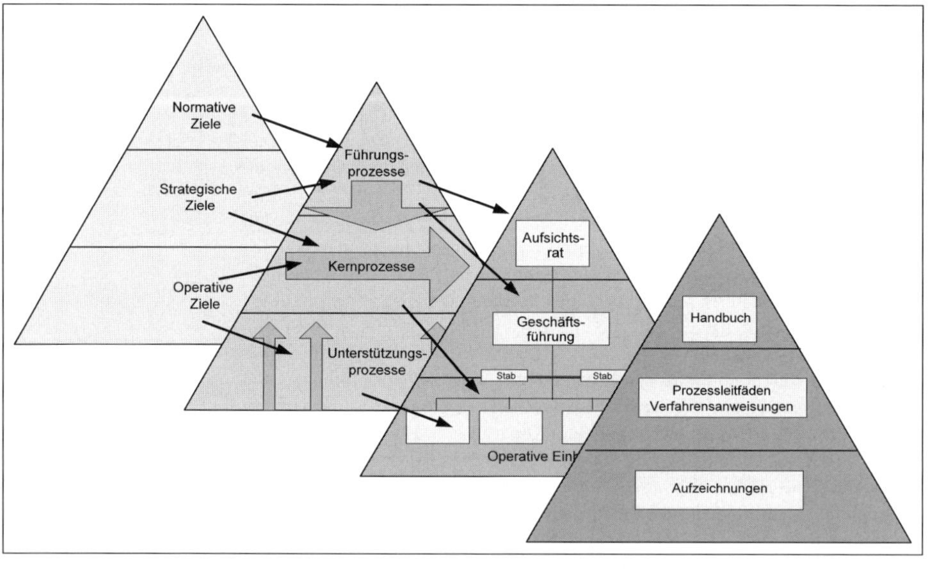

Abbildung 1: Der Zusammenhang von Zielen, Prozessen und Strukturen sowie deren Dokumentation

- Sind Ziele, Prozesse und Strukturen schlüssig aufeinander abgestimmt?
- Sind alle Regelungen und normativen Vorgaben angemessen dokumentiert?

Vor dem Hintergrund der bisherigen Ausführungen lassen sich also drei Phasen bei der Umsetzung der DIN ISO 26000 unterscheiden:

1. Vorbereitungsphase:

Unternehmensweite Erörterung, was gesellschaftliche Verantwortung für das jeweilige Unternehmen in seinem spezifischen Kerngeschäft und Umfeld bedeutet, welche Handlungsfelder gesellschaftlicher Verantwortung dafür relevant sind und welche Werte und unternehmensethischen Grundsätze vor diesem Hintergrund für das Entscheiden und Handeln der Akteure gelten sollen.

2. Implementierungsphase:

Die Werte und Grundsätze werden in Form konkreter Regelungen in das Managementsystem des Unternehmens integriert und in der Praxis umgesetzt.

3. Nutzungsphase:

Die Umsetzung der Regelungen wird überwacht und kontinuierlich verbessert.

Vorbereitungsphase 4.2

In der Vorbereitungsphase geht es zunächst einmal darum, auf Leitungsebene folgende Fragen zu beantworten:

- Was ist für uns unter „Gesellschaftlicher Verantwortung" genau zu verstehen?
- Auf welche Handlungsfelder müssen wir ein besonderes Augenmerk legen?
- Welches sind allgemeine Grundsätze im Sinne von Mindestanforderungen zur Wahrnehmung gesellschaftlicher Verantwortung (z. B. Transparenz, Einhaltung der Menschenrechte etc.) und welche spezifische Geschäftsethik (Corporate Ethics) gilt für uns darüber hinaus?
- Wie weit reicht unsere Verantwortung und inwieweit bzw. wie genau sind unsere Anspruchsgruppen (Stakeholder) in die Festlegung der zu erfüllenden Ansprüche einzubeziehen?
- Wie wollen wir die Wahrnehmung gesellschaftlicher Verantwortung wirksam in unsere Aufbau- und Ablauforganisation einbinden?

DIN ISO 26000 gibt insbesondere in den Abschnitten 3 bis 5 wichtige Hinweise dazu, wie ein Unternehmen zu plausiblen und vertretbaren Antworten auf diese Fragen kommen kann. Wenn diese Aspekte zumindest grundsätzlich beantwortet sind, ergeben sich die nachfolgend dargestellten Aufgaben.

Generelles Bekenntnis der Führungskräfte aller Ebenen und Bereiche zu CSR

Bereits in einer frühen Phase der CSR-Initiative sollte das Top-Management weitere Führungsebenen in die Meinungsbildung einbeziehen. Dazu eignen sich einerseits konventionelle Schulungen, um die erforderliche Wissensbasis zu schaffen, andererseits bieten sich Workshops an, in denen die Führungskräfte ihre Überlegungen einbringen können und in denen über die erstrebenswerte Bewältigung schwieriger Situationen gesprochen werden kann (siehe dazu auch Abschnitte 7.1 bis 7.3 der DIN ISO 26000).

Bildung eines CSR-Projektteams

Auch wenn auf lange Sicht die CSR-Aktivitäten ein integraler Bestandteil des Tagesgeschäftes sein sollen, so bedarf es doch in der Regel einer Instanz im Unternehmen, die die anstehenden Aufgaben plant, koordiniert, unterstützt und überwacht. Das kann in kleinen Unternehmen ein CSR-Beauftragter sein, bei größeren Unternehmen ein entsprechender Stab. In jedem Fall bietet sich zunächst die Bildung einer Projektgruppe an, die möglichst eng an die oberste Führung angebunden ist und die Führungskräfte aller Ebenen bei der Umsetzung der CSR-Aktivitäten unterstützt.

Die Leitung solcher Projektgruppen sollte bei Prozess- oder Bereichsverantwortlichen liegen, um zu vermeiden, dass die Projektarbeit neben dem Tagesgeschäft ein Eigenleben entwickelt.

(Siehe dazu auch Abschnitt 7.4 der DIN ISO 26000)

Identifikation der Anspruchsgruppen und deren legitime Erwartungen

Die ISO 26000 sieht ganz bewusst vor, dass sich das Unternehmen explizit mit seinen relevanten Interessengruppen auseinandersetzt und deren legitime Erwartungen ermittelt, die sie zu Anspruchsgruppen im eigentlichen Wortsinne machen. Die Ausgestaltung eines solchen Stakeholder-Dialogs muss dem Unternehmen unter Berücksichtigung von Größe und Art angemessen sein.

(Siehe dazu auch Abschnitt 7.5 der DIN ISO 26000)

Ermittlung aller relevanten rechtlichen Anforderungen

Betriebe in Deutschland und in der EU bewegen sich in einem „rechtlich verminten" Terrain. Nimmt man allein das Umweltrecht oder die Vorgaben für die Arbeitssicherheit, so hat es jeder Verantwortliche im Unternehmen mit einem unübersichtlichen Regelwerk zu tun. Selbst bei guten Absichten können ohne Compliance-Funktion schnell rechtliche Anforderungen übersehen werden. Im Ergebnis entsteht ein Rechtskataster, in dem alle für das Unternehmen relevanten Rechtsquellen aufgeführt sind und in dem aufgezeigt wird, was aus diesen Vorgaben für einzelne Organisationseinheiten bzw. Prozesse abzuleiten ist.

Analyse der Stärken und Schwächen der Organisation im Hinblick auf die Erfüllung der Erwartungen und Anforderungen unter Einbeziehung der Mitarbeiter

Jede der einschlägigen internationalen Managementsystem-Normen (ISO 9001:2008, ISO 14001:2004, BS OHSAS 18001:2007, ISO 50001:2011) gibt reichlich Anleitung zur Analyse der jeweiligen Organisation auf Stärken und Schwächen. Die Autoren empfehlen, für eine umfassende Organisationsdiagnose das EFQM-Modell[7)] zu nutzen. Eine EFQM-Selbstbewertung schafft ein umfassendes Bild von der Performance bzw. von dem Reifegrad eines Unternehmens oder einer Institution.

Aus der Selbstbewertung ergeben sich üblicherweise sehr viele Verbesserungspotenziale, die nicht alle gleichermaßen bedeutsam sind. Im Rahmen des Strategieprozesses ist aus den vielen Möglichkeiten das für das Unternehmen „Spielentscheidende" herauszudestillieren.

Über- oder Erarbeitung eines passenden Leitbildes und einer geeigneten Strategie einschließlich einer Zielstruktur sowie einer SOLL-Aufbau- und -Ablauforganisation

Wurden im ersten Schritt (Klärung des CSR-Verständnisses) bereits grobe Aussagen zur unternehmensethischen Positionierung gemacht, so gilt es diese nunmehr in ein umfassendes Leitbild (Vision, Mission, Werte) zu integrieren und gleichzeitig im Lichte der verschiedenen Analysen (Umfeldanalyse, Organisationsdiagnose) zu präzisieren.

---

7) EFQM = European Foundation for Total Quality-Management (EFQM Excellence-Modell 2013).

Im Spannungsfeld von Leitbild, Umfeld-Anforderungen (Chancen und Risiken) und Organisationsdiagnose (Stärken und Schwächen) sollte eine umfassende Unternehmensstrategie formuliert werden, die zugleich zur Wahrnehmung gesellschaftlicher Verantwortung und damit zur nachhaltigen Entwicklung beiträgt. Als solche sollte sie sich nicht auf die Marktpositionierung beschränken, sondern auch Aussagen machen zur Ausgestaltung der wertschöpfenden Prozesse über den gesamten Lebenszyklus der Produkte (Cradle to Cradle), über das Partner- und Mitarbeitermanagement, über Finanzierungen usw.

Es ist nicht nur im Sinne der DIN ISO 26000 zentral, dass die Wahrnehmung gesellschaftlicher Verantwortung Teil der Strategie sein oder werden muss! Sollte dies nicht gelingen, werden die strategischen Vorgaben höchstwahrscheinlich mit den ethischen Ansprüchen des Unternehmens in Konflikt geraten. (Siehe dazu insb. Abschnitt 7.3.4 der DIN ISO 26000)

4.3 Implementierungsphase

Wenn man unter einem Managementsystem die Gesamtheit der Regelungen versteht, die dafür sorgen, dass das Unternehmen seine Ziele erreicht und langfristig erfolgreich ist, dann hat jedes Unternehmen ein Managementsystem. Möglicherweise ist dieses Managementsystem nicht gut dargestellt, möglicherweise ist es in sich nicht schlüssig, möglicherweise ist es nicht ausgereift. Aber Festlegungen zu den Zielen (Unternehmenszweck), zu den Entscheidungsstrukturen (Organigramm) und elementare Regelungen zum Vorgehen irgendwelcher Art gibt es immer, sonst wäre ein Unternehmen gar nicht funktionsfähig.

Die folgenden Ausführungen gehen davon aus, dass Unternehmen, die sich für die DIN ISO 26000 interessieren, zumindest ein elementares Managementsystem haben, in dem wichtige Regelungen zum Unternehmenszweck und zur Aufbau- und Ablauforganisation enthalten sind.

Implementierung bedeutet vor diesem Hintergrund, dass zusätzliche Regelungen und Vorgaben, wenn irgend möglich, in das bestehende System integriert werden. Die Autoren raten ausdrücklich davon ab, ein separates „CSR-Managementsystem“ neben bereits existierenden Managementsystemen aufzubauen. Existieren verschiedene Managementsysteme nebeneinander, so führt dies regelmäßig dazu, dass die einzelnen Organisationsmitglieder mit verschiedenen, schlimmstenfalls widersprüchlichen Anforderungen aus den unterschiedlichen Managementsystemen konfrontiert werden: Anstatt Verhaltenssicherheit zu erzeugen, wird Unsicherheit verstärkt.

Sofern sich ein Unternehmen in der Gründungsphase befindet, sollte von vornherein versucht werden, ein integriertes Managementsystem auszugestalten, das allen wesentlichen rechtlichen und normativen Anforderungen sowie den sonstigen legitimen Ansprüchen seiner Stakeholder gerecht wird.

Kommunikation der Strategie/Schulung der mittleren Führungskräfte und ausgewählter Funktionsträger

Eine Strategie setzt sich nicht von alleine um. Aus der Rahmenstrategie für das ganze Unternehmen sind Bereichsstrategien für einzelne Organisationsteile abzuleiten. Damit sind hohe Anforderungen an die Führungskräfte der mittleren und unteren Ebenen verknüpft, die dazu entsprechend „in die Lage versetzt", d. h. befähigt werden müssen. (Siehe dazu insb. Abschnitt 7.6, aber auch 7.4.1 der DIN ISO 26000)

Operationalisierung der Strategie mittels Zielvereinbarung und Maßnahmenplanung für alle Ebenen und Bereiche

Üblicherweise erfolgt die Kaskadierung einer Strategie über die verschiedenen Ebenen der Organisation mit Hilfe des Zielvereinbarungsprozesses. Den verabredeten Zielen werden Maßnahmen zugeordnet. Wünschenswert erscheint für umfangreichere Maßnahmen die Etablierung eines professionellen Projektmanagements, das sich nicht zuletzt durch realistische Planung (auch des Ressourcenbedarfes) auszeichnet. (Siehe dazu Abschnitt 7.3.4 der DIN ISO 26000)

Aufbau eines umfassenden Berichtswesens und Controllings, das auch alle CSR-Aspekte abbildet

Aller Erfahrung nach werden Strategien nur dann konsequent umgesetzt, wenn es eine starke Aufmerksamkeit der Führung (Management-Attention) gibt. Die strategische Steuerung des Unternehmens setzt ein entsprechendes Controlling voraus. Dieses darf in der Regel im Hinblick auf die betrieblichen „Hardfacts" als gegeben betrachtet werden. Es mangelt aber häufig an einem ganzheitlichen Controlling, das sowohl die Bewertung der Erreichung anderer Ziele einschließt als auch die Umsetzung der strategischen Projekte überwacht. (Siehe dazu auch Abschnitt 7.7 der DIN ISO 26000)

Optimierung bzw. Neugestaltung von Entscheidungsstrukturen und Prozessen

Will man CSR wirklich in der Organisationsführung verankern, wird das wahrscheinlich tief in die vorhandene Zielstruktur, in die Aufbauorganisation (wer darf/muss was entscheiden/verantworten) und in das Prozessmanagement eingreifen. Man wird mit Widerständen konfrontiert, die vielen Betrieben schon aus dem Aufbau von Qualitäts-, Umwelt-, Arbeitssicherheits- und Gesundheitsmanagementsystemen bekannt sind. Aber angesichts der Tatsache, dass man diese Änderungen mit einem professionellen Changemanagement auch in anderen Fällen bewältigt hat, darf man darauf vertrauen, dass dies auch im Falle von CSR bei der Weiterentwicklung der Organisation gelingt.

Diese Überarbeitung der Aufbau- und Ablauforganisation ist sicher die umfangreichste und eine der schwierigsten Aufgaben. Zum einen geht es darum, jedem Prozess, jedem Verfahren die als relevant identifizierten Handlungsfelder aller Kernthemen[8] der DIN ISO 26000 gegenüberzustellen und dabei zu prüfen, ob das festgelegte Verfahren die Empfehlungen der Norm zum jeweiligen Handlungsfeld gesellschaftlicher Verantwortung angemessen berücksichtigt.

Tabelle 1: Bezug zwischen Prozessen und Handlungsfeldern der ISO 26000

	Organistions-führung	Menschen-rechte	Arbeits-praktiken	Umwelt	Geschäfts-praktiken	Konsumenten	Gemeinschaft
Führungs-prozesse	X	X	X	X	X	X	X
Kernprozesse	X	X	X	X	X	X	X
Unterstützungs-prozesse	X	X	X	X	X	X	X
Controlling	X	X	X	X	X	X	X

8) Organisationsführung, Menschenrechte, Arbeitspraktiken, Umwelt, Faire Betriebs- und Geschäftspraktiken, Konsumentenanliegen, Einbindung und Entwicklung der Gemeinschaft (vgl. DIN ISO 26000:2011-01).

Zum anderen geht es darum, für jede Funktion und für jede Organisationseinheit zu überprüfen, ob in die Definition der Verantwortlichkeiten, Befugnisse und Aufgaben die – qua Leitbild und unternehmenseigener Werte – festgelegten Grundsätze verantwortlichen Entscheidens und Handelns nachvollziehbar eingeflossen sind. (Siehe dazu auch Abschnitt 7.7.5 der DIN ISO 26000)

Monitoring von Maßnahmenumsetzung und Zielerreichung / Ableitung von Steuerungsmaßnahmen

Unter Nutzung des bereits aufgebauten Controllings geht es nun darum, den Fortschritt in geeigneter Form zu erfassen und zu bewerten. Typischerweise erhält die Geschäftsführung oder der Vorstand ein strategisches Cockpit, das ihm zeitnah den Stand der Strategieumsetzung darstellt und damit die Entscheidungsgrundlagen für gezielte Interventionen liefert.

Nutzungsphase 4.4

Ein einmal aufgebautes Managementsystem muss systematisch gepflegt und weiterentwickelt werden, anderenfalls läuft es Gefahr, ähnlich einem ungepflegten Haus, langsam, aber sicher zu zerfallen.

Aus dem Qualitätsmanagementsystem[9)] kennen wir den PLAN-DO-CHECK-(RE)ACT-Regelkreis[10)]. Er besagt, dass einmal getroffene Regelungen niemals die Weiterentwicklung des Unternehmens behindern dürfen. Vielmehr sind das Vorgehen und die damit erreichten Ergebnisse regelmäßig zu überprüfen. Instrumente sind das Monitoring der Kennzahlen, daneben stehen interne und externe Audits.

Neben diesen formalisierten Mechanismen spielt das konkrete Führungsverhalten auf allen Ebenen eine herausragende Rolle[11)]:

- Sind die Führungskräfte bei ihren Entscheidungen und in ihrem Handeln Vorbilder?
- Gelten die verabredeten Spielregeln unter den Führungskräften und zwischen Führungskräften und Mitarbeitern?

---

9) Ähnliches gilt auch für andere genormte Managementsysteme, z. B. Umwelt- und Energiemanagement.

10) Auch als Deming-Kreis bekannt, genannt nach William Edwards Deming, einem der Pioniere systematischen Qualitätsmanagements.

11) Eine hilfreiche Ausführung zur Sicherung der konsequenten Umsetzung von Regelungen in Prozessen bietet: Zeller, E. (2013): Layered Process Audit. München.

- Thematisieren die Führungskräfte Aspekte verantwortungsvollen Verhaltens regelmäßig und anlassbezogen?
- Wirken die Führungskräfte darauf hin, dass Mitarbeiter bei ihren Entscheidungen die vorgegebenen Richtlinien, verabredeten Werte und Regelungen bedenken und einhalten?
- Werden Mitarbeiter hinreichend auf die Bewältigung von schwierigen Entscheidungssituationen vorbereitet?
- Werden die Mitarbeiter angemessen geschult und unterstützt?
- Wird über problematische Entscheidungen und Fehler offen gesprochen, werden Ursachen analysiert und Konsequenzen für zukünftiges Verhalten abgeleitet?
- Führen die Führungskräfte in ihrem Verantwortungsbereich geeignete Audits durch?
- Ist die Wahrnehmung gesellschaftlicher Verantwortung Teil des Beurteilungs- und Entlohnungssystems?
- Spielen Fragen anständigen Verhaltens eine maßgebliche Rolle im Hinblick auf die Personalentwicklung (Aufstiegschancen)?

Nur wenn das im Sinne des Unternehmensleitbildes erwünschte Verhalten im Alltag erlebbar wird, kann man von „Umsetzung" der DIN ISO 26000 und von organisationsweiter Integration sprechen.

4.5 Abschließende Hinweise

In vielen Gesprächen und Projekten wird das Thema „Corporate Social Responsibility" als zusätzliche Anforderung, um nicht zu sagen Belastung behandelt. Ähnliches ist aus den frühen Phasen des Arbeitssicherheitsmanagements bekannt. Auch damals wollten viele zunächst einmal die Arbeit erledigen, und wenn dann noch Zeit und Kraft blieb, wollte man sich um Arbeitssicherheit und Gesundheitsschutz kümmern. Auch in den Anfängen des Qualitätsmanagements gab es vergleichbare Positionen: „Wir machen erst mal unsere Arbeit und dann kümmern wir uns um die Qualität." Heute werden solche Positionen glücklicherweise nur noch selten vertreten.

Genauso wie man Arbeiten mehr oder weniger sicher, mit höherer oder niedrigerer Qualität, mit mehr oder weniger Beachtung von Energie- und Umweltaspekten ausführen kann, genauso kann man bei seinen Entscheidungen und Handlungen die legitimen Ansprüche der relevanten Interessengruppen, die rechtlichen Vorgaben und allgemein akzeptierte ethische Verhaltensgrundsätze berücksichtigen oder sich über diese hinwegsetzen. CSR ist also nichts Zusätzliches zum Tagesgeschäft, sondern es ist die Art und Weise, wie man das Tagesgeschäft erledigt.

Das verantwortungsvolle Verhalten in allen geschäftlichen Belangen schafft ein sehr wertvolles Gut: Vertrauen! Vertrauen macht die Zusammenarbeit leicht, Misstrauen untergräbt die Bedingungen erfolgreichen Wirtschaftens.

DIN ISO 26000 in der Praxis: Erfahrungsberichte von Unternehmen 5

Erfahrungsbericht APUS Software GmbH 5.1

Gerhard Hammer

Unternehmen: APUS Software GmbH

Standort: Tobelbad, Österreich

Anzahl der Mitarbeiter: 25 MitarbeiterInnen

Branche: Softwareentwicklung

Kerngeschäft: Softwareherstellung für die Flugsicherung, den öffentlichen Schienenverkehr sowie das Gesundheitswesen

CSR-Verantwortliche/r: Geschäftsführung

Gesellschaftliche Verantwortung bedeutet für uns:
den optimalen Nutzen für alle Stakeholder in den Mittelpunkt des Handelns zu stellen.

Der Impuls zu CSR

Ausgangssituation

Die APUS Software GmbH wurde 1987 gegründet und beschäftigt derzeit etwa 25 MitarbeiterInnen in den Bereichen der Softwareentwicklung für die Flugsicherung, für den öffentlichen Verkehr auf der Schiene sowie für das Gesundheitswesen. Das Kerngeschäft der APUS Software GmbH (nachfolgend APUS genannt) setzt eine intensive Projektarbeit mit Kunden voraus, die von persönlichen Kontakten zu einer überschaubaren Anzahl von Personen gekennzeichnet ist. Hierdurch haben sich über die Jahre, in denen die Projekte laufen, auch persönliche Beziehungen entwickelt, die oft – aber nicht immer – unter dem Aspekt „wir sitzen in einem Boot“ stehen.

Die Auseinandersetzung mit Normen ist für die APUS nicht neu. So gibt es seit über 10 Jahren das APUS Qualitätsmanagement-System, das gelebt und auch nach der ISO 9001:2008 zertifiziert ist. Diese Zertifizierung wird vorschriftsgemäß jährlich ‚aufgefrischt‘ und durch eine akkreditierte Stelle auditiert. Im Rahmen dieser Zertifizierung rückten auch die Themen „Vision, Ziele und Strategien“ in den Fokus und wurden zu einem wesentlichen Bestandteil unseres Managementsystems, was ein Grundstein für die Auseinandersetzung mit dem Thema gesellschaftliche Verantwortung war.

Das Kerngeschäft der APUS gliedert sich in zwei Bereiche: Einerseits entwickelt APUS seit vielen Jahren Software für eine Partnerfirma, die Weltmarktführer für digitale Sprachvermittlungssysteme für die Flugsicherung, Eisenbahnen und Maritimsysteme ist. Herausforderung dieses Tätigkeitsfeldes ist die stete Verfügbarkeit und Ausfallssicherheit. Anforderungen sind daher zentraler Bestandteil des APUS-Selbstverständnisses. Auf der anderen Seite ist APUS seit mehr als 20 Jahren Partner großer Gesundheitseinrichtungen, wenn es um die Personalplanung geht. Diese Dienstplanung in Spitälern ist die zweite Kernkompetenz der APUS und wird von dem APUS-IT-System GraphDi® bzw. IONIO® unterstützt.

Ein wesentlicher Vorteil dieser beiden „Standbeine" ist die Verteilung des Risikos: So können „Tiefen" des einen Bereichs durch „Höhen" des anderen gut ausgeglichen werden. Eine Herausforderung dieser „doppelgleisigen" Strategie zeigte sich jedoch erstmalig bei der Erarbeitung einer gemeinsamen Vision. Hier wurde deutlich, dass die Zweigleisigkeit zu einem gewissen ‚Bauchladeneffekt' führt (frei nach dem Motto: „Wir machen alles, was Sie wollen, und das super!"), der die Entwicklung einer gemeinsamen Vision, gemeinsamer Ziele und Strategie stark erschwert.

Im oben angeführten Prozess der ISO-Zertifizierung nach ISO 9001:2008 wurde die Frage nach einer gemeinsamen „Vision, Ziel und Strategie" zwar intensiv behandelt, aber nur eine unbefriedigende und eher oberflächliche Lösung gefunden. APUS konnte damit über Jahre gut leben, denn die Risiken, die eine solche doppelgleisige Geschäftsstruktur mit sich bringt, traten bei Weitem nicht so deutlich hervor wie die Vorteile. Erst durch die intensive Auseinandersetzung mit der Norm ISO 9001:2008 und in der Folge vor allem mit der ISO 26000:2011 wurde überhaupt deutlich, dass die Zweigleisigkeit gewisse (vornehmlich versteckte) Risiken enthält, die durch die Anwendung der ISO 26000 allen bewusst gemacht werden konnten und nun angegangen werden.

Flache Hierarchien und ein freundschaftlicher Umgang waren und sind seit jeher ein Teil der Unternehmenskultur der APUS. Der Satz *„Die MitarbeiterInnen sind unser wichtigstes Kapital!"* ist charakteristisch für unser gemeinsames Arbeiten und wird bereits seit der Gründung des Unternehmens gelebt. Umso erstaunlicher war es für uns, dass diese Aussage im Zuge der Auseinandersetzung mit CSR überhaupt erwähnenswert war. Ähnlich verhielt es sich mit anderen Themen, die dem Feld gesellschaftliche Verantwortung zugeordnet werden, aber für uns seit Jahren eine Selbstverständlichkeit darstellen.

Weltweite ökologische, ökonomische und soziale Krisen hingegen wurden von uns zwar wahrgenommen, aber für unser Geschäftsdasein nie als tatsächlich bedrohlich eingestuft, da sie scheinbar fernab unserer Tätigkeitsfelder zu verorten waren. So arbeiteten wir sehr lange recht unbekümmert und fokussierten uns auf „gute Arbeit“ und die optimale Befriedigung unserer Kundenbedürfnisse. Da jedoch ein Unbehagen blieb, ob all dieser sich national wie global verändernden Rahmenbedingungen, entschloss sich die APUS dazu, sich des Themas „CSR“ schließlich intensiver anzunehmen.

Erste Auseinandersetzung mit CSR

März 2012, Südtirol: Über einen Kontakt im Zusammenhang mit unseren Italien-Aktivitäten wurde uns ein Schulungsanbieter empfohlen, der sich auf die Themen CSR und Nachhaltigkeit spezialisiert hat. Zwei Führungskräfte von APUS entschlossen sich schließlich, ein Seminar zu besuchen, in dem konkrete Möglichkeiten zur Wahrnehmung gesellschaftlicher Verantwortung aufgezeigt und diskutiert wurden. Durch das Seminar wurde uns bewusst gemacht, dass wir alle eine Verantwortung für unsere Zukunft haben und diese auch übernehmen müssen, damit unser eigenes Unternehmen zukunftsfähig bleibt und sich nachhaltig am Markt etablieren kann. Das Seminar gab uns den letzten Impuls und zugleich auch die nötige Motivation mit auf den Weg, um erste Veränderungen in unserem Unternehmen hin zu mehr gesellschaftlicher Verantwortung anzustoßen.

Zertifizierung

CSR-Workshop

In unserem österreichischen Heimatbundesland Steiermark gibt es schon seit einiger Zeit die ‚Initiative Nachhaltigkeit WIN‘ der Steiermärkischen Landesregierung, die gemeinsam mit der Wirtschaftskammer Nachhaltigkeitsprojekte initiiert, fördert und unterstützt. Und so hat sich – kurz nachdem die ONR 192500, die österreichische zertifizierbare „Fassung“ der ISO 26000 – freigegeben wurde, eine kleine Gruppe von steirischen Unternehmen zusammengefunden, die die WIN-Förderung dazu nutzen, die ONR 192500 in ihr Managementsystem zu integrieren oder völlig neu aufzusetzen. Als Initiator und prozessbegleitendes Bindeglied fungierte eine Unternehmensberatung, die auf CSR und Nachhaltigkeit spezialisiert war. Sie begleitete und moderierte den Zertifizierungsprozess und stand den teilnehmenden Unternehmen für Fragen jederzeit zur Verfügung.

Aufbauend auf einem festgelegten Themenkatalog, der alle wesentlichen Aspekte der ONR 192500 beinhaltet, wurden alle Kernthemen und Handlungsfelder in Gruppenworkshops erörtert, „Hausaufgaben“ aufgegeben und deren Ergebnisse dann wieder in Gruppenworkshops präsentiert und diskutiert. So konnten die teilnehmenden Unternehmen, die aus verschiedenen Branchen stammten, in einen intensiven und äußerst fruchtbaren Austausch miteinander treten. Angesichts dieser Erfahrung können wir uns eine alleinige Auseinandersetzung mit dem Thema kaum vorstellen, denn gerade den Austausch mit anderen Unternehmen haben wir als sehr bereichernd empfunden. Ideen wurden ausgetauscht, Chancen diskutiert, aber auch Risiken und Probleme erörtert. Einen solchen Austausch in geschütztem Raum können wir jedem Unternehmen daher nur nachdrücklich empfehlen.

CSR-Integration

Im Fall der APUS wurde das bestehende Managementsystem so überarbeitet, dass die CSR-Aspekte in alle Prozessdefinitionen integriert wurden. Es wurde bewusst auf einen eigenen CSR-Prozess und eine eigene CSR-Strategie verzichtet, da wir in diesem Fall das häufig zu beobachtende ‚QM-Schicksal‘ befürchteten: Es gibt einen QM-Prozess, der parallel zur Wirklichkeit abläuft und keinen wirklichen Ein-

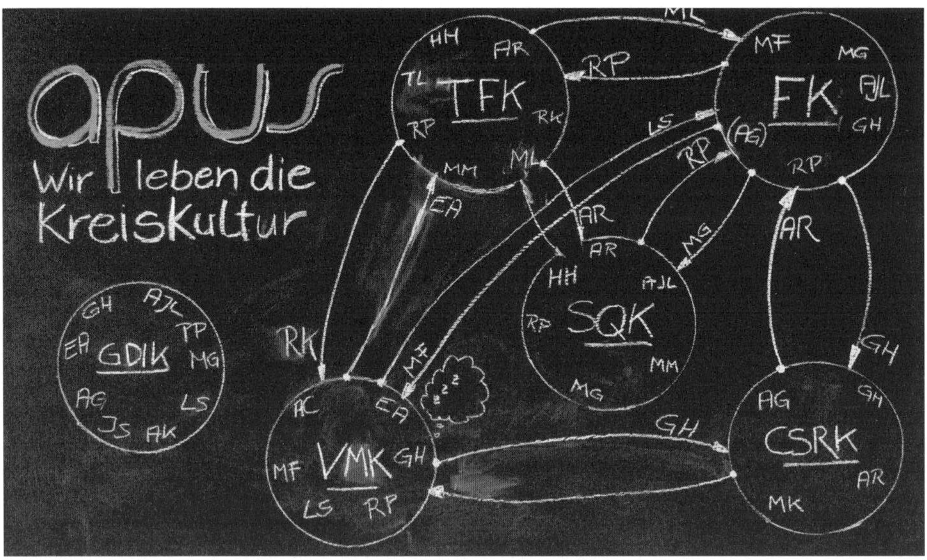

Abbildung 2: Kreiskultur der APUS Software GmbH (eigene Darstellung)

fluss auf das tägliche Leben hat. Genau das wollten wir aber bei dem Thema CSR vermeiden, welches Bestandteil all unserer Entscheidungen und Geschäftstätigkeiten werden sollte!

Kreiskultur

APUS hat sich im Rahmen seiner Auseinandersetzung mit CSR ein neues „Betriebssystem" verordnet und für alle Managementaufgaben eigene Kreise aufgebaut. Die Kreiskultur selbst dient dabei der Vermeidung unnötiger Hierarchien und dem partizipativen Führen des gesamten Unternehmens (vgl. Abb. 2).

„Der Kreis ist die Grundstruktur aller natürlichen Prozesse. Nachhaltige Modelle, ob im sozialen, ökologischen oder ökonomischen Bereich, können nur dann funktionieren, wenn sie den Schritt von linearen Modellen in Kreismodelle schaffen. Ein lineares Modell ist endlich. Ein Kreislauf kann sich, so lange er in Balance ist und lernfähig, immer weiter fortsetzen, wie die Natur es seit Jahrmillionen vorlebt. Kreiskultur ist die soziale Entsprechung natürlicher Modelle. Ein Kreis wird von einer inneren Anziehung geformt und zusammengehalten. Was in grauer Vorzeit noch die ersten Feuer unserer Urahnen gewesen sein mögen, ist heute eine geteilte Vision" (von: Vivian Dittmar, Terra Institute).

- Führungskreis
- Technologie- und Software-Qualitäts- und Fortbildungskreis
- CSR-Kreis
- Vertriebs- und Marketingkreis
- Fachkreis ‚GraphDi' (Unternehmensbereich ‚Dienstplansystem')
- Fachkreis ‚Software-Engineering' (Unternehmensbereich)

Aufgrund des thematischen Schwerpunktes dieses Artikels gehen wir an dieser Stelle nur detaillierter auf den CSR-Kreis ein. Mit der Einführung der „Kreiskultur" wurden tiefgreifende Veränderungen im Unternehmen ausgelöst. Eine Folge dieser Umstrukturierung war die Kreiskommunikation. Mehrere Workshops haben uns gelehrt, wie diese Kommunikationsform „funktioniert", um in weiterer Folge festzustellen, dass es individuelle Ausprägungen geben muss (und darf), die dem Kommunikationsfluss in den Kreisen wirklich dienlich sind und die Kommunikation tatsächlich „fließen" und nicht „stocken" lassen.

Der CSR-Kreis – zusammengesetzt aus MitarbeiterInnen, die sich für die Arbeit in diesem Kreis freiwillig gemeldet haben (eines der Grundprinzipien der Kreiskultur) – trifft sich im Abstand von 2 Wochen, um die periodischen Tasks und aktuelle Störungen zu bearbeiten sowie ständig alle Unternehmensprozesse auf ihren CSR-Gehalt hin zu überprüfen und ggf. Maßnahmen zu beschließen.

Stakeholder

Als wesentliches Element unserer CSR hat sich der Umgang mit den Stakeholdern herauskristallisiert. So haben wir im Rahmen der Zertifizierung eine Stakeholder-Analyse erstellt, in der nicht nur die einzelnen Stakeholder erkannt und dargestellt wurden. Es wurde vor allem der wechselseitige Nutzen aus dieser Stakeholderbeziehung in einer Selbsteinschätzung festgelegt und auf einer Skala von 1 bis 10 bewertet. Dabei wurden sowohl ein Istwert als auch ein anzustrebender Sollwert definiert. Diese Darstellung und Bewertung wurde – soweit möglich – mit den Stakeholdern im Dialog erörtert und fallweise angepasst.

Iststand

Zertifizierung

Die Zertifizierung wurde im Dezember 2012 durchgeführt und bestanden. APUS war zu diesem Zeitpunkt eines der ersten Unternehmen in Österreich, das sich nach der zu dem damaligen Zeitpunkt noch neuen ONR 192500 zertifizieren ließ. Natürlich brachte dies einen gewissen Aufwand mit sich; dieser wurde jedoch als überschaubar wahrgenommen, da er mit der Einführung der Kreiskultur einherging und als natürlicher Wachstumsprozess empfunden wurde.

Stakeholder-Beziehungen

APUS hat als eher kleines Unternehmen mit sehr großen Kunden zu tun (Die MitarbeiterInnen-Anzahl unserer Kunden bzw. Partner liegt zwischen 1 000 und 17 000 MitarbeiterInnen.). Die Frage, die wir uns häufig stellten, war, was ein Unternehmen unserer Größe im Bereich CSR bewirken kann. Wir sind nun nach intensiver Auseinandersetzung mit dem Thema zu der Überzeugung gelangt, dass unsere CSR-Aktivitäten „nachhaltigen" Einfluss auf die direkten Ansprechpartner bei unseren Kunden haben und über diese auch Einfluss auf alle weitere Ebenen des Kunden-Unternehmens ausüben. Das klare Bewusstsein über den wechselseitigen Nutzen all unserer CSR-Aktivitäten erreicht diese Personen immer stärker und führt zu langfristigen, nachhaltigen und ökonomisch sinnvollen Ergebnissen. Ebenfalls zu beobachten ist, zu welchen Reaktionen es infolge der Auseinandersetzung mit CSR kommen kann: So nehmen einige Stakeholder das Thema positiv auf und bekommen dadurch einen

Impuls, sich selbst mit dem Thema auseinanderzusetzen: andere hingegen fassen es – aus welchen Gründen auch immer – negativ auf und distanzieren sich schlimmstenfalls daraufhin auch von dem Unternehmen.

Nachholbedarf und Ausblick

Wir haben nun in aller Kürze dargestellt, wie sich das Thema CSR von Beginn an bei APUS entwickelt hat. Wie ist nach dieser Entwicklung nun der verbriefte und auch der gefühlte Zustand?

Ein „verbrieftes" Ergebnis ist wohl, dass es APUS noch gibt: das klingt ein wenig lächerlich, ist aber in dieser wirtschaftlich sehr angespannten Zeit nicht selbstverständlich. Wir erhalten von allen Seiten positives Feedback, wenngleich einige wenige mit Unverständnis reagieren. Jenen Personen, die nicht verstehen, worum es uns geht, schenken wir daher verstärkte Aufmerksamkeit, um CSR in die Breite zu tragen und damit einer Forderung der ISO 26000 gerecht zu werden, nämlich gesellschaftliche Verantwortung in der Wertschöpfungskette zu fördern (Kernthema: Faire Betriebs- und Geschäftspraktiken, Handlungsfeld 4; ISO 26000:2011).

Geänderte Verantwortung

Das Ziel von CSR – ebenso wie unseres Betriebssystems „Kreiskultur" – ist ein verändertes, nämlich viel bewusster gelebtes Verständnis von Verantwortung aller MitarbeiterInnen. Stets aufs Neue ist ein Fokussieren auf die Verantwortung eines jedes Einzelnen notwendig. Der gegenseitige Nutzen, der durch einen lebhaft geführten Stakeholderdialog entstehen kann, trägt zusätzlich zu dem nachhaltigen Erfolg unseres Unternehmens bei.

Fazit

Eine Erkenntnis aus der intensiven Auseinandersetzung mit dem Thema CSR ist, dass Verantwortung nur dann mit aller Kraft wahrgenommen werden kann, wenn die Mission, Vision und Ziele des Unternehmens von allen Beteiligten verstanden und geteilt werden. Fehlt dieses gemeinsame Verständnis, und somit die Basis erfolgreichen Wirtschaftens, kann auch die Wahrnehmung der eigenen gesellschaftlichen Verantwortung nur schwer gelingen, sondern leicht in Ratlosigkeit und Orientierungslosigkeit enden. Damit einher geht die Gefahr, in alte Muster zu verfallen, die Obrigkeitsdenken hervorrufen und die monetäre Gewinnmaximierung als einziges Unternehmensziel definieren.

Hinweise und praktische Tipps für Anwender

- Suchen Sie nach Gleichgesinnten und tauschen Sie sich mit anderen Unternehmen in einem geschützten Raum über die Wahrnehmung gesellschaftlicher Verantwortung aus.
- Eine konkrete, verständliche Vision als Mittelpunkt Ihres Unternehmens ist Basis für die erfolgreiche Umsetzung von CSR.
- Sehen Sie CSR als echten Bestandteil Ihres Unternehmens und aller Unternehmensprozesse an.

Erfahrungsbericht bofrost* Dienstleistungs GmbH & Co KG

5.2

Achim Zanders

Unternehmen: bofrost* Dienstleistungs GmbH & Co KG

Standort: Straelen am Niederrhein, insgesamt 236 Vertriebsstandorte in Europa

Anzahl der Mitarbeiter: Europaweit über 10 000 Mitarbeiter

Branche: Direktvertrieb

Kerngeschäft: Direktvertrieb von Eis- und Tiefkühlspezialitäten

CSR-Verantwortliche/r: Achim Zanders

Gesellschaftliche Verantwortung bedeutet für uns:

1. Dass sich alle Aktivitäten an den ökonomischen, ökologischen und sozialen Kriterien im Sinne der bofrost*-Stakeholder orientieren.
2. Handeln ist wichtiger als Kommunizieren.

Einleitung

CSR spielt für jedes Unternehmen, ob bewusst oder unbewusst, eine wichtige Rolle.

Die Unternehmen, die sich umfassend und strategisch mit dem Thema auseinandergesetzt haben, entscheiden sich in der Regel, nach Abwägung aller Vor- und Nachteile, „bewusst" für das Thema „CSR". In dem Bewusstsein, dass dieser Schritt nicht nur mit einem u. U. kurzweiligen Projekt verbunden ist, sondern dass er Einfluss auf alle künftigen Aktivitäten und Entscheidungen des Unternehmens haben wird, läuten Unternehmen einen tiefgreifenden Veränderungsprozess ein. Dieser führt sie zu einer anderen Art des Wirtschaftens: zu einer gesellschaftlich verantwortlichen Form auf allen Ebenen. CSR variiert somit je nach Kerngeschäft eines Unternehmens, mit unterschiedlichen Chancen und Herausforderungen.

Auch „unbewusst" spielt CSR eine entscheidende Rolle. Da das Konzept in der Praxis unterschiedlich interpretiert wird und nicht zuletzt auch die persönliche Sicht eines jeden Einzelnen ausschlaggebend ist, kann es in einem Unternehmen zu höchst unterschiedlichen Auffassungen kommen, was genau unter gesellschaftlich verantwortlichem Wirtschaften zu verstehen ist.

Dies kommt oft in Gesprächen mit verschiedenen Abteilungen eines Unternehmens zum Ausdruck: Während z. B. eine PR-Abteilung den

Fokus auf Spenden und Sponsoring legt, mögen der Umweltbeauftragte eines Unternehmens und die Gesellschafter/Anteilseigner eher an der Investition in ein Windradprojekt interessiert sein, von dem sie sich eine bessere Ökobilanz und finanzielle Unabhängigkeit von Stromversorgern versprechen.

Die Aufgabe eines CSR-Verantwortlichen besteht nun darin, diese vielfältigen Ansprüche, Interessen und Handlungsoptionen in einem Gesamtkonzept für das Unternehmen zu bündeln und künftige CSR-Aktivitäten strategisch am Kerngeschäft auszurichten.

„Strategisch ausrichten" bedeutet konkret, die wesentlichen Handlungsfelder (Im Folgenden: HF) auf Basis der relevanten Stakeholder für das eigene Unternehmen zu identifizieren und diese zu priorisieren. Dabei kommt es nicht selten zu einem Spannungsfeld zwischen finanziellen Interessen und priorisierten Handlungsfeldern, die aber mit einander in Einklang gebracht werden müssen.

„Strategisch ausrichten" bedeutet auch, sich weg von reaktiven, kosmetischen oder philanthropischen CSR-Aktivitäten hin zu zielgerichteten CSR-Maßnahmen zu entwickeln, die den Erwartungen der relevanten Stakeholder gerecht werden und gleichzeitig den Unternehmenserfolg langfristig sichern (vgl. Abb. 3). Folglich stellt eine

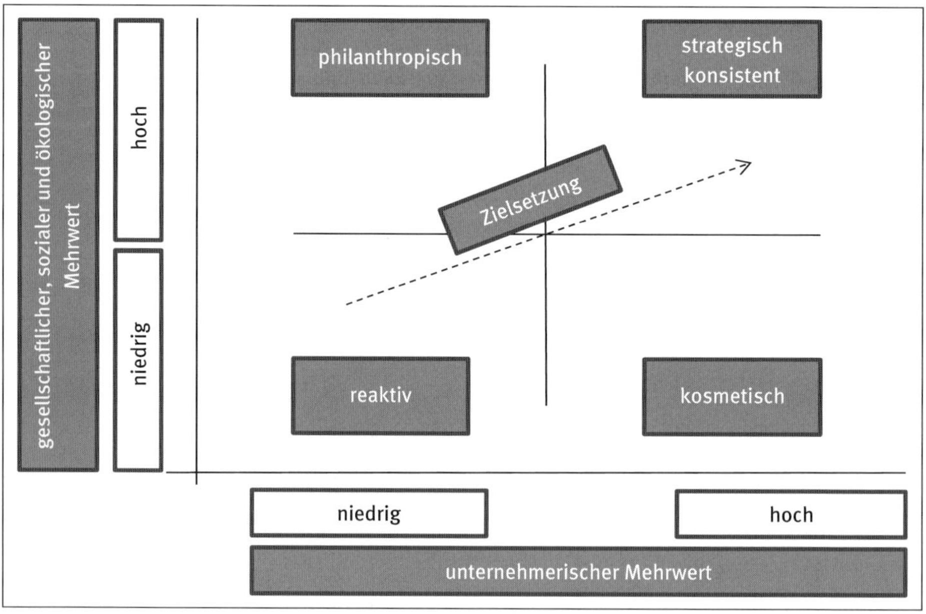

Abbildung 3: Strategische CSR-Ausrichtung (Grafik nach Lotter/Braun 2010, S. 63)

strategisch geplante Ausrichtung von CSR eine Win-Win-Situation für beide, das Unternehmen einerseits und die betroffenen Stakeholder andererseits dar. Würde z. B. das oben beschriebene Windradprojekt zur weiteren finanziellen Unabhängigkeit des Unternehmens beitragen und die gewonnene Energie gleichzeitig der Region als einen besonders wichtigen Stakeholder des Unternehmens zugänglich machen, könnte das Projekt für alle Beteiligten eine Win-Win-Situation bedeuten und wäre somit strategisch konsistent.

Auf der Suche nach Orientierung

Für die Systematisierung von CSR-Aktivitäten bei bofrost* wurde nach einem Leitfaden gesucht, der das Thema „CSR" ganzheitlich betrachtet und, aufgrund der weltweiten Vernetzung der bofrost* Dienstleistungs GmbH & Co KG, auch international anerkannt ist. Für viele Themenbereiche und Abteilungen eines Unternehmens existiert bereits eine Vielzahl von Standards, die zu Teilen auch CSR-relevante Themen abdecken. Diese spezifischen Standards (wie z. B. die ISO 22000, SA 8000 oder ISO 14000) waren zwar bekannt, boten jedoch nicht den gewünschten ganzheitlichen Ansatz, den das Thema erfordert. Auch eine Definition von CSR, die von einer Vielzahl an Stakeholdern geteilt wird war, nicht verfügbar. Nach intensiver Recherche zeigte sich, dass die ISO 26000 für eine ganzheitliche Betrachtung praktikabel erschien.

Neben dem ganzheitlichen Ansatz offeriert sie auch eine Definition von CSR, die in einem breit angelegten, internationalen Multistakeholderprozess entwickelt wurde. Die ISO 26000 bietet zudem durch ihre Einteilung in Grundsätze, Kernthemen und Handlungsfelder die Möglichkeit, sich dem Thema CSR systematisch anzunähern. Die sinnfällige Aufteilung hat auch zur Folge, dass den Mitarbeitern einzelner Fachbereiche ein leichterer Zugang zu dem Thema ermöglicht wird und sie imstande sind, CSR für ihren „Alltag" zu übersetzen.

Anwender der Norm finden zudem in Kapitel 7 der ISO 26000 ein grobes Vorgehen skizziert, wie sie eine für ihr Unternehmen passende (integrierte) CSR-Strategie entwickeln und umsetzen können. Als besonders hilfreich hat sich auch der Anhang der Norm erwiesen, in dem dem Leser eine Übersicht verschiedener CSR-relevanter Initiativen und Standards aufgezeigt wird, die bei der Entwicklung einer CSR-Strategie sehr hilfreich sein können.

Ich sehe die ISO 26000 heute, nach intensivem Arbeiten mit der Norm, als ein „Best Practice"-Werkzeug, um CSR in ein Unternehmen zu integrieren, systematisch umzusetzen und so gesellschaftliche Verantwortung wahrzunehmen.

Als wichtig für eine systematische und intensive Auseinandersetzung mit dem Thema CSR stellte sich darüber hinaus das Studieren von Best-Practice-Beispielen heraus. Sie können Anregungen geben, wie und mit welchen Instrumenten Unternehmen das Thema angegangen sind. Eine intensive Auseinandersetzung mit etablierten Best-Practice-Beispielen, in Form einer Umfeldanalyse, ist daher jedem Unternehmen zu empfehlen.

Strategieentwicklung

Die CSR-Strategie der bofrost* Dienstleistungs GmbH & Co KG wurde vornehmlich auf Basis der in der ISO 26000 beschriebenen Empfehlungen entwickelt, die im Kapitel 7 der Norm beschrieben sind. Das dort empfohlene Vorgehen zur Entwicklung einer Strategie kann an die Unternehmensgegebenheiten angepasst werden und erleichtert somit nicht nur die Anwendung und Umsetzung der Empfehlungen, sondern betont auch die Individualität eines jeden Unternehmens.

Unternehmen, die mit der ISO 26000 eine auf ihr Kerngeschäft zugeschnittene CSR-Strategie entwickeln möchten, empfehle ich, folgende Schritte zu gehen:

- Bestandsaufnahme der aktuellen Aktivitäten
- Identifikation relevanter Handlungsfelder (HF) für das eigene Unternehmen
  - Stakeholderanalyse
  - Priorisierung der HF nach Relevanz
- Bewertung der HF nach Risiken und Chancen (Risikoanalyse/CSR-SWOT-Analyse)
- Fokussierung und Priorisierung der nach Risiko und Chance bewerteten HF
- Definition einer CSR-Strategie auf Basis der priorisierten HF

Bestandsaufnahme

Um ein möglichst vollständiges Bild über den aktuellen Grad der Umsetzung von CSR im eigenen Unternehmen zu erhalten, sollte eine Arbeitsgruppe zur Bestandsaufnahme aus möglichst vielen Vertretern unterschiedlicher Fachbereiche gebildet werden. Ziel der Bestandsaufnahme ist zum einen die Identifikation von CSR-bezogenen Risiken (in Form von blinden Flecken) und nach unerschlossenen Potenzialen für den Unternehmenserfolg. Zum anderen dient sie zur Visualisierung der aktuellen oder auch bereits abgeschlossenen CSR-Aktivitäten des Unternehmens. Durch die Visualisierung wird den Mitarbeitern der Umfang und Aufwand aller bis dato angestoßenen Aktivitäten vor Augen geführt, was sich schließlich in einem gesteigerten Bewusstsein für das Thema äußert.

Durch die Zuordnung einzelner Unternehmensaktivitäten zu den Kernthemen und HF der ISO 26000 kann sehr schnell deutlich gemacht werden, wo ein Unternehmen bereits gut aufgestellt ist und wo noch Handlungsbedarf besteht. In der Regel sollten alle aufgenommenen Aktivitäten den Kernthemen oder Handlungsfeldern der ISO 26000 zuzuordnen sein. Ist dies nicht der Fall, empfiehlt es sich zu klären, ob die genannte Maßnahme tatsächlich etwas mit unternehmerischer Verantwortung zu tun hat oder nicht.

Relevante HF für das eigene Unternehmen identifizieren (Unternehmensanalyse)

Stakeholderanalyse

Nach der Bestandsaufnahme folgt die Identifikation relevanter, d. h. für das Unternehmen zutreffender Handlungsfelder. Welche von den 37 Handlungsfeldern der ISO 26000 für das Unternehmen relevant sind, kann im Dialog mit den Stakeholdern bestimmt werden. Bevor also HF bewertet werden können, muss geklärt werden: „Wer sind unsere wichtigen Stakeholder und welches HF könnte für diese jeweils von Bedeutung sein?"

Auch wenn die Durchführung einer umfänglichen Stakeholderanalyse aufgrund des hohen zeitlichen, personellen wie auch finanziellen Aufwands von vielen Unternehmen nicht begrüßt wird, empfiehlt es sich, diese trotzdem durchzuführen. Denn nur durch den Dialog kann ermittelt werden, welches die tatsächlichen Ansprüche der Stakeholder sind. Eine auf dieser Grundlage entwickelte Unternehmensstrategie wird so nach außen begründbar und von einer Vielzahl an Stakeholdern getragen.

Eine Beobachtung aus der Stakeholderanalyse bei der bofrost* Dienstleistungs GmbH & Co KG ist, dass aus anfänglich vielleicht nur fünf oder sechs relevanten Stakeholdern schnell bis zu 30 werden können, denn nicht alle Stakeholder eines Unternehmens sind leicht ersichtlich. So konnten einige Stakeholder erst durch den Dialog mit bereits identifizierten Stakeholdern ausfindig gemacht werden.

Nach Identifikation aller relevanten Stakeholder erfolgt die Bewertung der Handlungsfelder der ISO 26000 aus Perspektive der jeweiligen Stakeholder. Dabei sollten die Stakeholder bestenfalls selbst befragt werden. Da dies jedoch nicht immer möglich ist und der Strategieentwicklung auch personelle und finanzielle Grenzen gesetzt sind, muss in Teilen die CSR-Arbeitsgruppe versuchen, durch Benchmarking, Studien, Gespräche mit NGOs etc. diese Gespräche zu ersetzen. Aufgrund dessen ist es elementar, dass die Arbeitsgruppe bereichsübergreifend aufgestellt ist und ein möglichst hohes Maß an Diversität widerspiegelt. Auf diese Weise kann ein Großteil der möglichen Stakeholderperspektiven abgedeckt werden. Generell empfiehlt es sich jedoch, dem direkten Dialog mit den Stakeholdern den Vorzug zu geben.

In der Stakeholderbetrachtung Abb. 4 sind die Stakeholdergruppen 4, 5 und 6 (im Bereich „hoch") als sehr relevant eingestuft worden, da Unternehmen und Stakeholder sich beidseitig in einem hohen Maße beeinflussen. Ihre Perspektive in Bezug auf die HF sollte daher besondere Berücksichtigung finden. Stakeholder dieser Kategorie könnten z. B. Kunden, Mitarbeiter und Vorstand/Aufsichtsrat sein. Die Perspektive der Stakeholdergruppe 1 hingegen ist zunächst zu vernachlässigen, da weder das Unternehmen noch der Stakeholder in einer engen Beziehung zueinander stehen. Auf Stakeholder dieser Art kann bei einem kontinuierlichen Verbesserungsprozess zu einem späteren Zeitpunkt eingegangen werden. Die Stakeholdergruppe 7

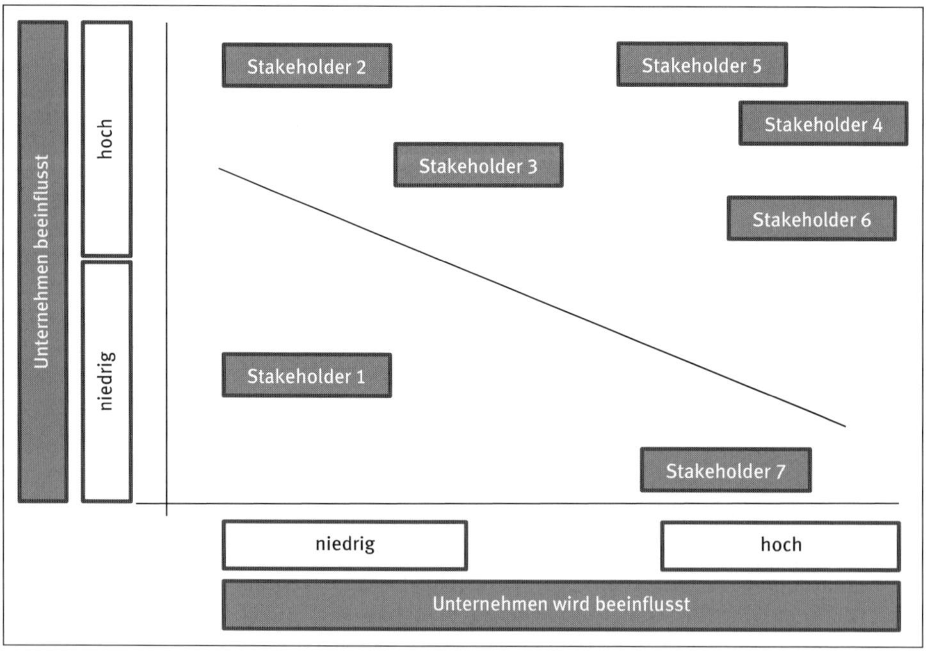

Abbildung 4: Schematische Darstellung einer Stakeholderanalyse (eigene Darstellung)

sollte hingegen gleich berücksichtigt werden, da das Unternehmen in einer Art „Abhängigkeit“ zu dieser Gruppe steht. Ein Stakeholder dieser Kategorie könnte z. B. eine einflussreiche NGO sein oder ein Zulieferer, der für das Kerngeschäft besonders wichtig ist. Die Stakeholdergruppen 2 und 3 können bei den späteren Wesentlichkeitsanalysen ebenfalls zunächst vernachlässigt werden, da der Einfluss auf das Unternehmen gering ist. Im Sinne einer partnerschaftlichen Zusammenarbeit sollten aber auch ihre Interessen nicht ganz aus den Augen verloren gehen. Stakeholder dieser Kategorie könnten z. B. kleinere Zulieferer sein.

Kategorisierung nach Relevanz, „relevant – nicht relevant“

Nachdem die Stakeholderanalyse abgeschlossen ist, gilt es herauszufinden, welche HF relevant sind, d. h. im eigenen Unternehmen vorkommen können oder nicht. Dazu empfiehlt es sich, die Handlungsfelder anhand von betriebsspezifischen Fragen oder Szenarien zu erläutern. So mag das Handlungsfeld „Menschenrechte in kritischen Situationen“ dem Anwender der Norm zunächst sehr abstrakt vorkommen. Dies ändert sich, sobald das Handlungsfeld mit situationsangepassten Fragen erläutert wird: z. B.: Ist das Unternehmen in Ländern aktiv, in denen Kriege, Hungersnot oder politisch bedingte Ausnahmezustände herrschen, durch die das Risiko, in eine Menschenrechtsverletzung involviert zu werden, steigt?

Wird eine dieser betriebsspezifischen Fragen von den identifizierten Stakeholdern oder der oben beschriebenen Arbeitsgruppe mit „Ja“ beantwortet, so ist das HF als relevant zu bewerten. Welche Priorität dem HF bei der Ausgestaltung der Strategie zuteil wird, wird in diesem ersten Schritt zunächst vernachlässigt. Auf diese Weise werden alle 37 Handlungsfelder der ISO 26000 auf ihre Relevanz für das eigene Unternehmen geprüft, wodurch am Ende eine Übersicht über die relevanten Handlungsfelder entsteht. Es kann sein, dass von 37 Handlungsfeldern 34 als „relevant“ eingestuft werden, was jedoch kein Problem darstellt, da die Fokussierung und Priorisierung erst im nächsten Schritt erfolgen.

Chancen- und Risikoanalyse der relevanten HF im unternehmensspezifischen Kontext

Nachdem alle relevanten HF identifiziert wurden, müssen diese nun priorisiert werden. Je „risikoreicher“ ein HF für ein Unternehmen ist oder je größer das damit verbundene Potenzial für den Unternehmenserfolg ist, desto höher ist das jeweilige HF zu gewichten. Aufschluss über das Risikopotenzial können die dem HF zugeordneten Stakeholder bestenfalls im Dialog geben. Da eine Stakeholderbefragung u. U. sehr ressourcenintensiv ist, kann alternativ eine Umfeldanalyse durchgeführt werden, die einen Überblick über die unterschiedlichen Perspektiven der Stakeholder geben kann. Dazu können Aktivitäten von Unternehmen gleicher Branche (Benchmarking) untersucht sowie frei zugängliche Informationen von bspw. Mitbewerbern, Verbraucherorganisationen oder NGOs eingeholt werden.

Der Begriff „Risiko" ist per se eher negativ konnotiert. Ziel dieser Analyse ist, nicht nur präventiv Risiken zu erkennen und zu vermeiden, sondern auch Handlungsfelder zu identifizieren, aus denen Chancen für das Unternehmen einerseits und die betroffenen Stakeholder andererseits (eine Win-Win-Situation) hervorgehen können.

Um das Vorgehen bei der Chancen- und Risikoanalyse weiter zu verdeutlichen, nachfolgend ein Beispiel:

Ein europäisches Unternehmen lässt in einem Entwicklungsland Zahnräder aus Plastik fertigen. Die Gesetzeslage in dem Produktionsland entspricht bei den „Menschenrechten" weder der nationalen Gesetzeslage noch anerkannten internationalen Standards. Die Geschäftsführung des europäischen Unternehmens (Stakeholder 1) hat in ihren Leitlinien beschrieben, dass Menschenrechtsverletzungen in dem Unternehmen und in der Lieferkette nicht akzeptiert werden. In der Bestandsaufnahme wurde festgestellt, dass der Zulieferer den Code of Conduct des Unternehmens unterschrieben hat und entsprechend gültige Menschenrechtszertifizierungen anerkannter Zertifizierungsunternehmen vorweisen kann. Auch das jährliche Audit ergab keine besonderen Vorkommnisse.

Der vorliegende Fall zeigt, dass kein akutes Risiko und somit auch kein unmittelbarer Handlungsbedarf besteht. Anders verhielte es sich, wenn das Unternehmen sich bis dato noch nicht mit den Themen Code of Conduct, Zertifizierung und Audit auseinandergesetzt hätte. Da dies im vorliegenden Fall jedoch ausführlich getan wurde, mag das Risiko hier als eher gering bewertet werden. Allerdings lassen die Rahmenbedingungen (nationale Gesetzeslage) vermuten, dass ggf. Handlungsbedarf entstehen könnte, weshalb dieses Thema sehr gewissenhaft und kontinuierlich nachverfolgt werden sollte.

Generell empfiehlt es sich, zunächst alle potenziellen Risiken im Unternehmensumfeld zu identifizieren und „anzugehen", bevor mit CSR-Aktivitäten begonnen wird, die über das „Hausaufgabenmachen" hinausgehen, z. B. auf die Umsetzung der Unternehmensstrategie „einzahlen" oder andere identifizierte CSR-Chancen verwirklichen helfen. Nur so kann die Glaubwürdigkeit aller CSR-Maßnahmen sichergestellt und entsprechend glaubhaft kommuniziert werden. Andernfalls besteht das Risiko, dass CSR-Aktivitäten als „Greenwashing“ von Defiziten in anderen Bereichen interpretiert werden.

Fokussierung – Priorisierung

Nach der Chancen- und Risikobewertung auf Basis der vorangegangenen Analysen muss nun weiter fokussiert werden, was z. B. durch eine speziell dafür eingesetzte Arbeitsgruppe erfolgen kann. Zusätzlich wird eine grobe Aufwandseinschätzung für Maßnahmen erarbeitet, um die Risiken zu beseitigen bzw. mögliche Chancen zu nutzen.

Angestrebt wird dabei eine realistische Ziel- und Zeitplanung, die das Unternehmen mit den aktuell zur Verfügung stehenden Ressourcen nicht überstrapaziert. Die Minimalanforderung an die Ressourcenplanung ist dabei die Bearbeitung der als riskant identifizierten HF. Da letztlich jedoch die Geschäftsleitung über die endgültige Ressourcenplanung entscheidet, sollte spätestens an dieser Stelle die oberste Leitungsebene in die Strategiefindung mit einbezogen werden.

Diese Strategiegruppe, bestehend aus der obersten Leitungsebene, hat auf Basis der ersten erarbeiteten Fokussierung folgende Möglichkeiten:

- Sie stimmt der Fokussierung zu.
- Sie fokussiert weiter.
- Sie erweitert um Punkte, die nicht berücksichtigt wurden.

Für die dann festgelegten HF werden strategische (CSR-)Ziele formuliert, die anschließend – sofern vorhanden – in die Unternehmensstrategie eingebettet werden.

Die Strategieentwicklung

Die Entwicklung einer CSR-Strategie kann beginnen, nachdem

- die Bestandsaufnahme erfolgt ist;
- die relevanten HF auf Basis der Stakeholderanalyse identifiziert wurden;
- die relevanten HF nach möglichen Risiken und Chancen bewertet wurden;
- eine Fokussierung auf die wesentlichen Themen stattgefunden hat.

Auf Basis der Fokussierung kann die Strategiegruppe für die relevanten HF nun grobe CSR-Ziele entwickeln, welche den Grad der Zielerreichung in einem festgelegten Zeitrahmen für jedes HF konkret beschreiben und definieren. Es empfiehlt sich, hier auch Positionierungen für nicht fokussierte HF aufzunehmen, wodurch die Grundhaltung eines Unternehmens gegenüber bestimmten Themen zum Ausdruck gebracht werden kann und die unternehmensspezifische CSR-Strategie ihre Einzigartigkeit erhält.

In einem weiteren Schritt werden diese groben Ziele konkretisiert.

Gründe für Handlungsfelder, die nicht fokussiert werden, können zahlreich sein. Sie mögen schlicht für das Unternehmen und alle betreffenden Stakeholder irrelevant sein oder die laufenden Aktivitäten in einem speziellen Handlungsfeld können bereits als überdurchschnittlich gut bewertet werden. Bei dem o. g. Unternehmensbeispiel ist das Thema Menschenrechte zwar relevant. Es ist jedoch denkbar, dass hier kein strategisches Ziel formuliert werden muss, da das Unternehmen im Bereich „Menschenrechte" bereits gut aufgestellt ist (Code of Conduct, Zertifizierungen, Audit etc.). Aufgrund der Rahmenbedingungen und der Haltung des europäischen Unternehmens, das „Menschenrechte" für sich als elementar erklärt hat, könnte sich das Unternehmen aber dazu entschließen, das Thema noch einmal betonen zu wollen und es deshalb in die CSR-Strategie in Form einer Positionierung mit aufzunehmen.

Wichtig bei der CSR-Strategiefindung ist der Abgleich mit der bereits bestehenden Unternehmensstrategie, die zueinander konsistent sein sollten und bestenfalls ineinander aufgehen. Ein erster Abgleich auf Basis von Unternehmensleitsätzen, Unternehmenskernaussagen und der Unternehmenskultur ist idealerweise bereits im Vorwege durch die Arbeitsgruppen erfolgt und transparent gemacht worden. Eine systematische Vorgehensweise mit klar definierten Zielen schafft für die jeweiligen Fachbereiche und deren Mitarbeiter eine eindeutige Handlungsorientierung, die in der Folge zu effizientem und zielgerichtetem Handeln führt.

Hinweise und praktische Tipps für Anwender

- Setzen Sie sich fundiert mit der ISO 26000 auseinander, um dieses „Werkzeug" effektiv anwenden zu können und so erfolgreich zu sein. Es empfiehlt sich, nicht nur mit Sekundärliteratur zu arbeiten, sondern die Norm selbst zu lesen und die Handlungsfelder für die Gegebenheiten in Ihrem Unternehmen zu übersetzen, sodass sie für alle in den Strategieentwicklungsprozess Involvierten verständlich wird.

- Binden Sie möglichst frühzeitig alle relevanten Fachbereiche Ihres Unternehmens in den Strategiefindungsprozess mit ein.
- Seien Sie ausdauernd bei der Umsetzung und machen Sie sich bewusst, dass dieser Prozess viel Aufwand und Überzeugungsarbeit bedeutet.
- Um eine glaubwürdige CSR-Strategie zu definieren, müssen Sie zunächst die HF mit hohem Risikopotenzial angehen. Erst dann sollten Sie sich den CSR-Maßnahmen widmen, die stärker branchenbehaftet sind und über diese auch kommunizieren. Anders herum läuft ein Unternehmen Gefahr, Vertrauen zu verlieren oder dem Verdacht des „Greenwashings" ausgesetzt zu werden.

5.3 Erfahrungsbericht Dibella b.v., Dibella GmbH und Prolinnen b.v.

Eike Hellmann und Ralf Hellmann

Unternehmen: Firmengruppe: Dibella b.v., Dibella GmbH und Prolinnen b.v.

Standort: Bocholt

Anzahl der Mitarbeiter: Die Dibella-Firmengruppe beschäftigt zurzeit 26 Mitarbeiter(innen).

Branche: Objekttextilien

Kerngeschäft: Die aus den Unternehmen Dibella b.v., Dibella GmbH und Prolinnen b.v. bestehende Dibella-Firmengruppe liefert europaweit haltbare und industriell bearbeitbare Objekttextilien, die für den Einsatz in der Hotellerie, der Gastronomie und dem Gesundheitswesen optimiert sind. Hierzu zählen Bettlaken, Bettwäsche, Frottierwaren und Tischwäsche.

CSR-Verantwortliche/r: Nachhaltigkeit liegt in der Verantwortung der Unternehmensleitung. Diese ist zur Entwicklung und Verwirklichung angemessener Handlungsfelder verpflichtet. Sie ist für die Einhaltung aller Maßnahmen zur Sicherstellung des nachhaltigen Handelns verantwortlich.

Gesellschaftliche Verantwortung bedeutet für uns:
Nachhaltiges Handeln bedeutet für uns, so zu wirtschaften, dass wir künftige Generationen nicht der Möglichkeit berauben, ihre Bedürfnisse zu befriedigen.

Einleitung

Unternehmensleitbilder schaffen intern – also innerhalb des Unternehmens – Orientierung und Identität. Extern – also gegenüber Kunden, Lieferanten und Partnern – vermitteln sie Transparenz und signalisieren die Bereitschaft zur Wahrnehmung gesellschaftlicher Verantwortung. Die Dibella-Firmengruppe hat sich die Bereitstellung von funktionalen und qualitativ hochwertigen Objekttextilien zu einem angemessenen Preis-Leistungs-Verhältnis zum Ziel gesetzt. Die im Unternehmensleitbild stark verankerte Langlebigkeit der Produkte spiegelt sich im Slogan „longlife textile" des Unternehmenslogos wider. Die Festlegung der Produktionsparameter und deren Überwachung in allen Fertigungsschritten garantieren die Einhaltung der Warengüte, die die Voraussetzung für ein nachhaltiges Wirtschaften aller beteiligten Partner ist.

Nachhaltigkeit verstehen wir dabei als einen Aspekt gesellschaftlicher Verantwortung, die nach ISO 26000 als die Verantwortung einer Organisation für die Auswirkungen ihrer Entscheidungen und Handlungen auf Gesellschaft und Umwelt definiert ist.

Darüber hinaus bedeutet Nachhaltigkeit für die Dibella-Firmengruppe die Achtung und Einhaltung ökologischer und kulturell-gesellschaftlicher Grundsätze. Bei Dibella sehen wir unsere Verantwortung für nachhaltiges Handeln auf folgenden Ebenen:

- gegenüber unseren Kunden
- gegenüber unseren Produzenten und Lieferanten
- gegenüber unseren Mitarbeitern/innen
- gegenüber der Umwelt und Gesellschaft.

Die ISO 26000 als Grundlage des Nachhaltigkeitsmanagements

2009 wurde im Industrieverband Textil Service – Intex e. V., dem Bundesverband industriell geführter Textil-Dienstleistungsunternehmen, eine intensive Diskussion über das Thema Unternehmensverantwortung und CSR geführt. Dabei wurden auch gängige Normen und Standards wie z. B. der Global Compact sowie die ISO 26000 vorgestellt und auf ihre Eignung für die Branche hin beleuchtet. Wir haben diese Diskussion aktiv verfolgt und begleitet.

Die zahlreichen verheerenden Umwelt- und Wirtschaftsereignisse der letzten Jahre (Fukushima, Deepwater Horizon, Lehman-Pleite, Kyoto – um nur einige zu nennen) haben uns dazu veranlasst, eigene Nachhaltigkeitsrichtlinien zu entwickeln und in der Firmenphilosophie fest zu verankern. Insbesondere die Wirtschaftskrise hatte direkte Auswirkungen auf unser Geschäft und wir mussten erkennen, dass klassische Risikomanagementsysteme nicht in der Lage waren, frühzeitig Gefahren zu identifizieren und somit der gefährlichen Kapitalmarktentwicklung entgegenzuwirken.

Auf Grundlage unseres Verständnisses von Nachhaltigkeit haben wir erkannt, dass wir unserer unternehmerischen und gesellschaftlichen Verantwortung gerecht werden müssen, um auch unseren Teil zur Bewältigung dieser globalen Herausforderungen zu leisten. Unser Anspruch war dabei, das Thema von Beginn an systematisch anzugehen. Nicht zuletzt auch, um die Chance zu nutzen, in unserer Branche „Frontrunner“ zu werden und eine Vorbildfunktion einzunehmen.

Entscheidung für die ISO 26000

Eine entscheidende Frage war für uns, wie wir möglichst zielgerichtet und – vor dem Hintergrund unserer begrenzten Ressourcen – aufwandsoptimiert vorgehen können. Nach einiger Recherche haben wir uns für die ISO 26000 als den umfassendsten und anwenderfreundlichsten Standard entschieden. Allerdings war uns spätestens nach dem Lesen der Publikation „ISO 26000 in der Praxis: Der Ratgeber zum Leitfaden für soziale Verantwortung und Nachhaltigkeit“ (Bay 2010) klar, dass wir diesen Weg im Rahmen unserer begrenzten Möglichkeiten nicht ohne Hilfe von außen bewältigen werden können. Vor Beginn der Auseinandersetzung mit der ISO 26000 hatten wir Vorbehalte, ob die Anforderungen für ein so kleines Unternehmen wie unseres nicht zu groß sind. Unsere personellen Ressourcen sind begrenzt. Wenn jedoch der Anspruch besteht, schnell zu Ergebnissen kommen zu wollen, stellt dies, insbesondere kleine Unternehmen, vor eine große Herausforderung.

Wir haben daraufhin die Möglichkeit bekommen, im Rahmen eines Pilotprojekts zusammen mit einem externen Berater ein Nachhaltigkeitsmanagementsystem entlang der ISO 26000 aufzubauen. Zielsetzung war für uns dabei, neben dem Nachhaltigkeitsmanagement auch einen ersten umfassenden Nachhaltigkeitsbericht zu erstellen, den wir im Jahr 2012 veröffentlicht haben.

Der Weg zu einem umfassenden Nachhaltigkeitsmanagement

Bedingt durch die Wirtschaftskrise konnte ich mich als Geschäftsführer 2009 erstmalig umfänglich und zeitintensiv mit dem Thema „Nachhaltigkeit“ befassen. Da kein direkter Zeitdruck bestand, konnten die einzelnen Handlungsschritte strukturiert und sorgfältig durchgeführt werden. Um dennoch zielgerichtet arbeiten zu können, wurde intern der Plan kommuniziert, den ersten Nachhaltigkeitsbericht zur Heimtex Messe im Januar 2012 zu veröffentlichen. Effektiv haben wir knapp acht Monate zur Entwicklung der integrierten Nachhaltigkeitsstrategie benötigt und konnten unser Ziel erreichen.

Unter Anleitung eines Expertenteams haben wir in einem strukturierten Prozess entlang der ISO 26000 unser gesamtes Geschäftsmodell durchleuchtet. Kernelement war dabei, ausgehend von einer Bestandsaufnahme, die Durchführung einer umfassenden Umfeld- und Wesentlichkeitsanalyse. Diese haben wir dann in einem zweiten Schritt an einer entsprechenden Stakeholderanalyse gespiegelt und sind schlussendlich zu dem Ergebnis gelangt, dass wir in allen sieben Kernthemen der ISO 26000 relevante und wesentliche Handlungsfelder zu bearbeiten haben.

Wir haben erkannt, dass wir insbesondere Verantwortung gegenüber den folgenden Anspruchsgruppen tragen:

- unseren Kunden
- unseren Produzenten und Lieferanten
- unseren Mitarbeitern
- der Umwelt
- der Gesellschaft.

Entscheidend war dabei für uns, insbesondere vor dem Hintergrund der begrenzten Ressourcen, uns auf wesentliche Handlungsfelder zu konzentrieren, um nicht Gefahr zu laufen, sich zu „verzetteln".

Die Handlungsfelder wurden dann von uns mit Maßnahmen und Zielen versehen. Um den Erfolg zukünftig auch messen zu können, haben wir, ebenfalls in Anlehnung an die ISO 26000, die einzelnen Ziele mit ausgewählten Steuerungskennzahlen versehen.

Durch die Zusammenarbeit mit Experten von außen haben wir festgestellt, dass die ISO 26000, ähnlich einem Kochbuch, Unternehmen hilft, Schritt für Schritt durch den Entwicklungsprozess einer Nachhaltigkeitsstrategie zu führen.

Trotz der externen Beratung und des vergleichsweise großzügigen Zeitplans wurden wir dennoch immer wieder mit Herausforderungen und Problemen konfrontiert: Neben der Komplexität des Themas an sich stellte für uns vor allem der Bereich Kennzahlendefinition und -erfassung zur Steuerung des Themas eine große Herausforderung dar. Trotz oder gerade aufgrund der großen Auswahl an Kennzahlen, die man in verschiedenen Leitfäden und Standards wie etwa GRI findet, ist es nicht einfach, die richtige Auswahl zu treffen bzw. zielführende Kennzahlen für die angestrebten Ziele zu definieren. Eine bloße Erfassung aller vorgeschlagenen Kennzahlen ist für uns organisatorisch nicht möglich, aber vor allem nicht zielführend. Durch die Begleitung unseres Beraters und die intensive Auseinandersetzung mit der Thematik konnten wir schlussendlich ein Kennzahlenset ermitteln, das für uns handhabbar und steuerungsrelevant ist. Selbstverständlich ist dieser Prozess, genau wie das Nachhaltigkeitsmanagement an sich, aber nie richtig abgeschlossen, da sich die Ansprüche und Aktivitäten im Unternehmen laufend ändern. Durch den Erstellungsprozess des Nachhaltigkeitsberichts haben wir mittlerweile ein gut geeignetes Regel- und Steuerungsinstrument zur Hand, das uns hilft, unseren Ansatz kontinuierlich zu optimieren.

Die Vorteile der ISO 26000

Zusammengefasst kann man sagen, dass uns der Schritt hin zu einem systematischen Nachhaltigkeitsmanagement ausschließlich Vorteile gebracht hat. Unser übergeordnetes Ziel, durch das Nachhaltigkeitsmanagement eine „CSR-Leaderposition" innerhalb unserer Branche zu erreichen, konnten wir realisieren. Wir sind zu einem vorbildlich aufgestellten Unternehmen auf dem Gebiet gesellschaftlicher Verantwortung geworden, das uns positiv von unseren Wettbewerbern abhebt. Dies spiegelt sich unter anderem auch darin wider, dass unser Geschäftsführer, Herr Ralf Hellmann, gefragter Gesprächspartner und Vortragsreferent im Rahmen von zahlreichen Fachveranstaltungen im Themenumfeld „Nachhaltigkeit" ist.

Durch unseren systematischen Umgang mit dem Thema „Nachhaltigkeit" konnten wir die Reputation und das Vertrauen in unser Unternehmen steigern und neue Kunden gewinnen. Teilweise sind wir in Kontakt mit Unternehmen gekommen, die uns vorher nicht wahrgenommen haben. Letztlich konnten wir hierdurch auch ökonomisch von unserer Neuausrichtung profitieren, was wiederum Anreiz zu weiteren Aktivitäten bietet.

Zusätzlich haben wir uns während der Umstrukturierung auch mit Themen auseinandersetzen können, denen vorher kaum Beachtung geschenkt wurde. Dies ist insbesondere auch der ISO 26000 zu verdanken, da der Leitfaden durch sein breites Spektrum durch alle relevanten Themenbereiche führt. Als ein Beispiel ist die Initiative „Büro und Umwelt" von B.A.U.M. e.V. zu nennen. Durch die Zusammenarbeit haben wir diverse Einspar- und Substitutionspotenziale identifiziert, die sich in „barer Münze" ausgezahlt haben.

Unser Nachhaltigkeitsmanagement in der Praxis

Aufgrund der Tatsache, dass wir ein kleines Unternehmen sind, liegt sowohl die strategische als auch die operative Verantwortung für das Thema „Nachhaltigkeit" bei mir als Geschäftsführer. Es gibt darüber hinaus regelmäßige Gesprächsrunden mit den verantwortlichen Fachvertretern aus den Bereichen Personal, Einkauf, Qualitätsmanagement etc. Darüber hinaus besteht ein enger und regelmäßiger Austausch mit externen Institutionen wie Universitäten, Fachgremien, NGOs (B.A.U.M. e.V., Utopia AG, UPJ, Fairtrade, Textile Exchange) und weiteren.

Um das Nachhaltigkeitsmanagement kontinuierlich weiterzuführen und zu optimieren, stellt der Nachhaltigkeitsbericht ein sehr gutes und Verbindlichkeit schaffendes Element dar. Wir sehen den

Berichtserstellungsprozess vor allem als Regelkreis-Instrument, um Ziele zu hinterfragen oder auszuweiten, neue Handlungsfelder zu identifizieren und entsprechende Projektansätze zu entwickeln. Zudem sind wir durch unsere Mitgliedschaft im UN Global Compact jährlich gefordert, einen Statusbericht zu veröffentlichen. Auch eine Mitgliedschaft im Changemaker-Netzwerk der Utopia AG prüfen wir zurzeit.

Um den Prozess der Berichterstellung weiter zu operationalisieren, haben wir uns für eine sehr praktikable und gleichzeitig kostengünstige Softwarelösung entschieden. Durch die Software stellen wir die Konformität mit allen gängigen Standards und Leitfäden sicher und können so zusätzlich immer auf dem neuesten Stand bleiben.

Unsere Ziele für die nächsten fünf Jahre

Ausgehend von dem Jahr 2009 haben wir bereits sehr viel erreicht, was uns mit Stolz erfüllt. Ein besonderer Fokus liegt nun darauf, unser Managementsystem kontinuierlich weiterzuentwickeln und unsere angestrebten (Teil-)Ziele zu erreichen. Dafür wollen wir unser Management von Steuerungskennzahlen immer weiter verfeinern.

Neben der laufenden Optimierung wollen wir konkrete Ansatzpunkte und Ziele für die kommenden Jahre formulieren. Ein wichtiges Projekt in diesem Kontext wird das Thema „CSR im Personalbereich" werden. Ausgelegt auf 12 Monate führen wir dieses Projekt mit der Steinbeis Universität Berlin durch. Ziel soll sein, vor dem Hintergrund des demografischen Wandels und gerade des im strukturschwachen Raum fortschreitenden Fachkräftemangels die Bedürfnisse von (potenziellen) Beschäftigten stärker in unser Führungsleitbild sowie in die Geschäftsabläufe einfließen zu lassen.

Fazit

Nachdem wir uns nun so intensiv mit unserer gesellschaftlichen Verantwortung, unseren Anspruchsgruppen sowie deren Ansprüchen beschäftigt haben, sind wir zu der Überzeugung gelangt, dass wir bei dem Thema CSR von einer strategischen Zukunftssicherung sprechen, die in jedem Unternehmen höchste Priorität haben sollte. Gleichzeitig können wir nun aus eigener Erfahrung sagen, dass die große Herausforderung, dieser Verantwortung zu begegnen, auch für kleine Unternehmen zu bewältigen ist. Es wird sich zukünftig dabei auch nicht mehr um eine Wahlfreiheit, sondern eine unumgängliche, vielleicht sogar gesetzlich verbindliche Anforderung handeln, der sich Unternehmen aller Größen stellen müssen.

Wir fühlen uns nun gut vorbereitet und hoffen, durch diesen Beitrag auch andere Unternehmen ermutigen zu können, das Thema Nachhaltigkeit strategisch und ganzheitlich anzugehen.

Hinweise und praktische Tipps für Anwender

- Lassen Sie sich von der anfänglichen Komplexität der ISO 26000 nicht abschrecken!
- Wählen Sie genau die Themen und Schwerpunkte aus, die passend für die jeweiligen Spezifika Ihres Unternehmens sind;
- Setzen Sie sich zu Beginn besser mit weniger Handlungsfeldern fundiert auseinander und erweitern Sie dann schrittweise Ihren Fokus, um sich nicht zu „verzetteln";
- Gestalten Sie den Strategieprozess anfangs nicht zu detailliert. Schildern Sie im ersten Schritt erst einmal die „globale" Strategie und Situation, um dann aufbauend darauf in einen regelmäßigen Optimierungsprozess einzusteigen.

Erfahrungsbericht EDEKA Minden-Hannover 5.4

Dr. Frank Thiedig und Katja Wohl

Unternehmen: EDEKA Minden-Hannover

Standort: Minden

Anzahl der Mitarbeiter: 30 000 (mit selbständigem Einzelhandel 65 500)

Branche: Groß- und Einzelhandel

Kerngeschäft: Lebensmittelhandel

CSR-Verantwortliche/r: Dr. Frank Thiedig (Geschäftsbereichsleiter Marketing, Konzernqualitätsmanagement und Unternehmenskommunikation); Katja Wohl (Koordination gesellschaftliche Verantwortung)

Gesellschaftliche Verantwortung bedeutet für uns:
Wir übernehmen im Rahmen unserer Geschäftstätigkeit Verantwortung für unsere Gesellschaft, unsere Mitarbeiter und deren Familien, unsere Umwelt und für unsere Region.

Implementierung von gesellschaftlicher Verantwortung in die Unternehmensstrategie

Gesellschaftliche Verantwortung ist seit rund 100 Jahren in den Werten der EDEKA verankert. Die Basis dafür bilden das genossenschaftliche Fundament aus selbständigen Einzelhändlerinnen und Einzelhändlern und dem damit verbundenen Generationenvertrag sowie die Tugenden des „ehrbaren Kaufmannes". Satzungsgemäß verpflichtet uns der Förderauftrag, „wirtschaftlich gesunde, voll existenzfähige Betriebe selbständiger Unternehmer des mittelständischen Lebensmittel-Einzelhandels und verwandter Berufsgruppen zu schaffen, sie zu fördern und zu erhalten". (EDEKA Minden eG 2011, S. 4)

Im Januar 2012 haben wir uns dazu entschieden, die Wahrnehmung gesellschaftlicher Verantwortung anhand des international anerkannten Referenzstandards ISO 26000 systematisch zu erfassen und in unsere bereits bestehende Unternehmensstrategie zu integrieren. Dabei stellen die Verknappung natürlicher Ressourcen, die Folgen des Klimawandels und einschneidende gesellschaftliche Veränderungen, ausgelöst durch den demografischen Wandel in Deutschland, neue Herausforderungen an die EDEKA Minden-Hannover.

Wir übernehmen Verantwortung

Die Wahrnehmung gesellschaftlicher Verantwortung ist aus unserer Sicht keine flüchtige Modeerscheinung. Vielmehr trägt sie, konsequent in die eigene Strategie eingebunden, dauerhaft zum Unternehmenserfolg bei. Seit knapp 100 Jahren achtet die EDEKA Minden-Hannover auf die ökonomische und die soziale Komponente. In Zusammenarbeit mit dem WWF und anderen Anspruchsgruppen baut die EDEKA auch die ökologische Verantwortung weiter aus. Im Idealfall bilden alle drei Komponenten ein Gleichgewicht. Die EDEKA Minden-Hannover hat diese Komponenten bereits heute in ihr Unternehmensleitbild, in ihre Mission sowie in ihre Geschäftstätigkeit eingebettet. „Wir übernehmen im Rahmen unserer Geschäftstätigkeit Verantwortung für unsere Gesellschaft, unsere Mitarbeiter und deren Familien, unsere Umwelt und für unsere Region.“ (Mission der EDEKA Minden Hannover)

Für die EDEKA Minden-Hannover haben wir derzeit fünf konkrete Verantwortungsdimensionen definiert:

- Mitarbeiter
- Produkte
- Region
- Umwelt
- Gesellschaft.

Auf diese fünf Dimensionen konzentrieren sich derzeit die CSR-Aktivitäten der EDEKA Minden-Hannover.

Unser Ziel ist es, dass nachhaltiges, verantwortungsbewusstes Handeln und gesellschaftliche Verantwortung auch zukünftig fester Bestandteil der Unternehmensstrategie sein werden. Darüber hinaus ist es unser Ziel, den regelmäßigen Dialog mit allen relevanten Anspruchsgruppen weiter zu intensivieren.

Verantwortung definiert anhand der ISO 26000

Wir haben uns für eine Ausrichtung anhand der ISO 26000 entschieden, da diese unabhängig von der Größe und dem Tätigkeitsfeld des Unternehmens eine umfassende Orientierung zur Umsetzung gesellschaftlicher Verantwortung bietet. Durch die Norm wird klar, in welchen Bereichen und in welchem Umfang eine Organisation ihre gesellschaftliche Verantwortung wahrnehmen kann. Besonders bei der ersten Systematisierung bietet die Norm einen hilfreichen Überblick, da diese bereits viele unterschiedliche Normen und Standards beinhaltet und zusammenfasst. Während die Kernthemen der ISO 26000 für alle Unternehmen von Belang sind, liegt es „in der Verantwortung der jeweiligen Organisation festzustellen, welche Handlungsfelder für sie relevant und wesentlich sind". (DIN ISO 26000:2011, S. 8)

Strategieentwicklung

Als Auftakt zur Entwicklung einer systematischen, integrierten Strategie zur Umsetzung unserer gesellschaftlichen Verantwortung diente eine Klausurtagung mit Vertretern des Vorstandes, des Aufsichts- und Betriebsrates sowie aus den einzelnen Geschäftsbereichen der EDEKA Minden-Hannover. Dabei wurden den Teilnehmern zunächst der Hintergrund sowie die Inhalte der ISO 26000 erläutert und ein gemeinsames Verständnis von gesellschaftlicher Verantwortung geschaffen. Innerhalb der theoretischen Einführung wurden fünf Prozess-Schritte vorgestellt (vgl. Vitt/Franz/Kleinfeld/Thorns 2011, S. 126), die zur Erarbeitung der gesellschaftlich verantwortlichen Unternehmensstrategie der EDEKA Minden-Hannover dienen sollen:

1. Klärung/Bestimmung der Ausgangslage (Positionierung zu CSR)
2. Prüfung der Handlungsfelder (Relevanz & Wesentlichkeit)
3. Sorgfaltsprüfung (Verfahren, Prozesse, Vollständigkeit)
4. Bestimmung des Einflussbereiches (Reichweite, Umfang & Grenzen)
5. Festlegen von Zielen & Prioritäten (Strategie).

Anhand dieser fünf Prozess-Schritte hat die EDEKA Minden-Hannover begonnen, ihre Strategie zur Wahrnehmung gesellschaftlicher Verantwortung zu entwickeln. Aufgrund der zentralen Bedeutung von Anspruchsgruppen, Personen oder Gruppen, die ein berechtigtes Interesse an den Entscheidungen und Aktivitäten einer Organisation haben (nach ISO 26000:2011, S. 17), erfolgte innerhalb der Klausurtagung eine gemeinsame Identifizierung dieser Gruppen für die EDEKA Minden-Hannover.

Anschließend wurden die identifizierten Stakeholder in Hinblick auf den wechselseitigen Einfluss mit der EDEKA in eine Anspruchsgruppenmatrix (s. Abb. 5) eingeordnet.

Im nächsten Schritt erfolgte die Durchführung einer SWOT-Analyse für die EDEKA Minden-Hannover. Mit Hilfe der Methode des „World Cafés" wurden in zwei Kleingruppen Stärken und Schwächen sowie Chancen und Risiken ermittelt.

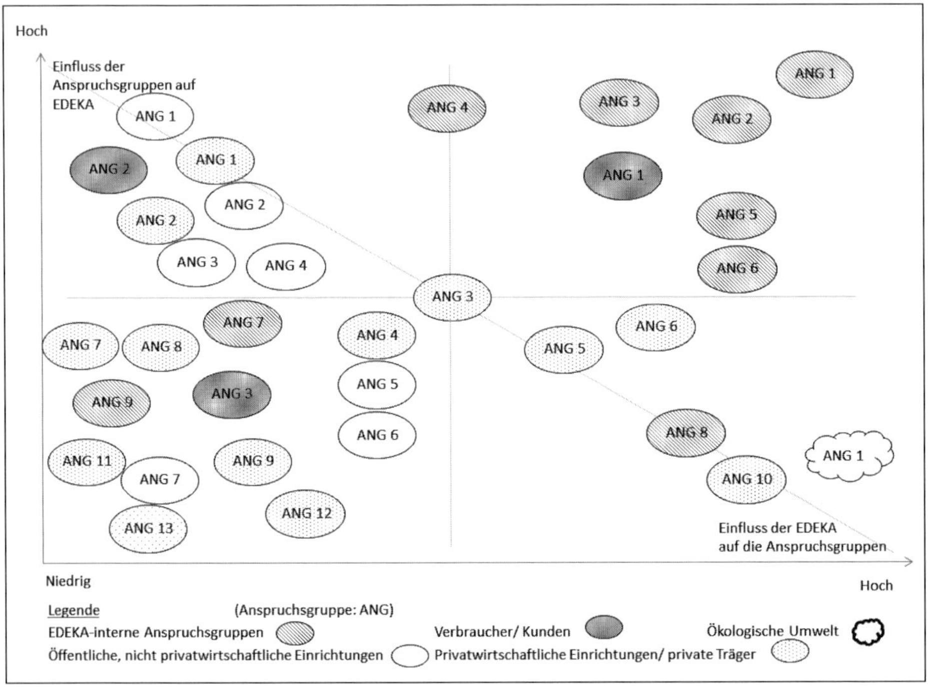

Abbildung 5: Anspruchsgruppenmatrix der EDEKA Minden-Hannover (eigene Darstellung)

Aus diesen Ergebnissen müssen nun in weiteren Schritten die relevanten Themen und Handlungsfelder zur Umsetzung sowie Verankerung von gesellschaftlicher Verantwortung identifiziert werden. Dazu wird es Anfang 2014 eine weitere Klausurtagung mit den Teilnehmern des ersten Workshops geben. Von besonderer Relevanz ist die Teilnahme der Leitungsebene, da nur durch eine Verankerung des Themas in der Organisationsführung gesellschaftliche Verantwortung im Unternehmen gelebt und auch die tatsächliche Umsetzung von Maßnahmen gewährleistet werden kann.

Herausforderungen bei der Strategieentwicklung

Die Struktur von Genossenschaften (wie der EDEKA Minden-Hannover) ist für eine Strategieentwicklung eine besondere Herausforderung. Es bedarf einer umfassenden Koordination, um mit Vorstand, Betriebs- und Aufsichtsrat, 27 Geschäftsbereichen sowie dem selbständigen Einzelhandel eine gemeinsame Strategie zu entwickeln.

Andererseits wird durch diese Einbindung bereits das Fundament für die konkrete Umsetzung geschaffen. Eine dauerhafte Verankerung von gesellschaftlicher Verantwortung im Unternehmen wird nur durch umfassende und kontinuierliche interne sowie externe Kommunikation gelingen. Die EDEKA Minden-Hannover wird ihre Kommunikation allerdings erst nach Entwicklung der Strategie intensivieren, wenn Aktivitäten strukturiert verfolgt werden, glaubwürdig und belegbar sind. Zunächst wird eine intensive interne Kommunikation über das EDEKA-Wissensportal sowie interne Veranstaltungen und die Mitarbeiterzeitung erfolgen, um Themen der gesellschaftlichen Verantwortung bei allen Mitarbeitern und selbständigen Einzelhändlern stärker in das Bewusstsein zu rücken.

Vorteile durch die ISO 26000

Durch die Nutzung der ISO 26000 wurde das Thema gesellschaftliche Verantwortung bei der EDEKA Minden-Hannover erstmals systematisch angegangen. Insbesondere durch die Identifizierung der relevanten Anspruchsgruppen sowie durch die SWOT-Analyse hat die EDEKA Minden-Hannover eine wichtige Grundlage zur Auseinandersetzung mit den wesentlichen Handlungsfeldern geschaffen.

Die Beschäftigung mit der ISO 26000 hat aufgezeigt, in welchen Bereichen wir bereits gut aufgestellt sind und wo noch Verbesserungspotenzial besteht.

Organisatorische Verankerung von gesellschaftlicher Verantwortung

Operativ ist gesellschaftliche Verantwortung bei der EDEKA Minden-Hannover im Geschäftsbereich Marketing, Unternehmenskommunikation und Qualitätsmanagement verankert. Der Geschäftsbereichsleiter kümmert sich als CSR-Verantwortlicher zusammen mit einer Vollzeit-Mitarbeiterin, die als Koordinatorin für gesellschaftliche Verantwortung tätig ist, um die Koordination aller Nachhaltigkeitsthemen.

Sobald die wesentlichen Handlungsfelder identifiziert sind, werden in den entsprechenden Geschäftsbereichen weitere Ansprechpartner für gesellschaftliche Verantwortung festgelegt, die sich kontinuierlich mit der Koordinatorin im Marketing austauschen werden.

Durch eine strategische Verankerung von gesellschaftlicher Verantwortung in den allgemeinen, jährlichen Zielplanungsprozess sowie eine angestrebte Implementierung von Nachhaltigkeit in den Geschäftsbericht wird die EDEKA Minden-Hannover das Thema kontinuierlich weitervorantreiben und nachverfolgen.

Gesellschaftliche Verantwortung bei der EDEKA Minden-Hannover in 5 Jahren

Mittelfristig soll die EDEKA Minden-Hannover eine anhand des Leitfadens ISO 26000 systematisch aufgebaute Nachhaltigkeitsstrategie aufweisen. Gesellschaftliche Verantwortung wird als fester Bestandteil in die Unternehmensstrategie sowie in den Geschäftsbericht integriert sein. Durch die Einbindung in bestehende Geschäftsstrukturen sowie durch die Intensivierung der internen und externen Kommunikation wird allen Mitarbeitern der EDEKA Minden-Hannover die Bedeutung von gesellschaftlicher Verantwortung bewusst sein.

Dank der Festlegung von Verantwortlichen in allen Geschäftsbereichen wird es einen regelmäßigen und kontinuierlichen Austausch über die Planung und Umsetzung von Maßnahmen zur Übernahme gesellschaftlicher Verantwortung geben. Dringende und neue Themen werden jährlich in die Ziele für das nächste Jahr mit eingebunden und deren Einhaltung vom Controlling überwacht.

Langfristig soll Nachhaltigkeit so fest etabliert werden, dass sich das gesamte Handeln automatisch an nachhaltigen Gesichtspunkten orientiert. Wir möchten unserer gesellschaftlichen Verantwortung gerecht werden und die Zukunft der nachfolgenden Generationen nicht gefährden.

Dies entspricht auch dem seit rund 100 Jahren bestehenden Generationenvertrag der EDEKA Minden eG.

Resümee zur Einführung der ISO 26000

Durch die Einführung der ISO 26000 konnte die Erarbeitung einer Strategie zur Wahrnehmung gesellschaftlicher Verantwortung systematisch angegangen werden. Relevante Anspruchsgruppen sowie die Stärken, Schwächen, Chancen und Risiken der EDEKA Minden-Hannover wurden bereits ermittelt.

Die ISO 26000 ist sehr gut geeignet, um einen Einstieg in das komplexe Themenfeld zu erhalten sowie um eine eigene Strategie zur Umsetzung gesellschaftlicher Verantwortung zu entwickeln.

Hinweise und praktische Tipps für Anwender

- Nur wenn die Unternehmensführung hinter den Aktivitäten zur gesellschaftlichen Verantwortung steht, können diese erfolgreich umgesetzt werden.
- CSR-Screening: Finden Sie mit Hilfe der ISO 26000 heraus, in welchen Handlungsfeldern Sie bereits gut aufgestellt sind und wo Sie noch akuten/langfristigen Handlungsbedarf haben.
- Implementieren Sie ein Nachhaltigkeitsmanagement in die bestehenden Managementsysteme,
  - um gesellschaftliche Verantwortung Bestandteil aller Entscheidungen und Aktivitäten werden zu lassen,
  - um zusätzlichen Organisationsaufwand zu vermeiden,
  - um konkurrierende Systeme zu umgehen.

5.5 Erfahrungsbericht HARTING KGaA

Gisela Eickhoff

Unternehmen: HARTING KGaA

Standort: Espelkamp

Anzahl der Mitarbeiter: 3 800

Branche: Elektrotechnik- und Elektronikindustrie

Kerngeschäft: Verbindungstechnik

CSR-Verantwortliche: Gisela Eickhoff

Gesellschaftliche Verantwortung bedeutet für uns:
Gelebtes Unternehmertum.

Zertifizierung als Lösungsansatz

Zertifizierte Verantwortung

Kurz vor Beginn der Weihnachtstage 2013 stimmte das Europäische Parlament mit großer Mehrheit einem Richtlinienvorschlag der Kommission zu einer Berichtspflicht über sogenannte nicht-finanzielle Informationen zu (EU KOM 2013a, EU KOM 2013b, Der Betrieb, EU-Parlament 2014). Dahinter verbirgt sich eine gesetzliche Pflicht für Unternehmen mit mehr als 500 Mitarbeitern, die im Lagebericht umfassend Stellung nehmen müssen zu den wesentlichen Aspekten gesellschaftlicher Verantwortung. Die Verabschiedung soll in erster Lesung, und somit noch vor den nächsten Wahlen des EU-Parlaments im Mai 2014, erfolgen. Das ist der vorläufige Meilenstein einer Entwicklung, die die Europäische Kommission bereits im Jahr 2001 mit der Veröffentlichung des Grünbuchs „Europäische Rahmenbedingungen für die soziale Verantwortung der Unternehmen" angestoßen hat. Zu diesem Zeitpunkt war lediglich von der sozialen Verantwortung von Unternehmen die Rede, die aber immerhin eine ausreichende Kraft entfalten sollte, die in der Lissabon-Agenda formulierten Ziele zu erreichen. Zur Erinnerung: Damals strebte die Europäische Union unter anderem an, sich zum wettbewerbsfähigsten und dynamischsten wissensbasierten Wirtschaftsraum der Welt zu entwickeln. In den folgenden Jahren erschienen weitere Mitteilungen der Kommission, in denen die gesellschaftliche Verantwortung weiterhin in den Händen der Unternehmen lag, aber freiwillig war[12)].

---

12) Als zentrale Dokumente sind hier EU KOM 2002 und EU KOM 2005 zu nennen.

Im Jahr 2011 wurde der Ton gegenüber der deutschen Wirtschaft, insbesondere deren Rückgrat, dem deutschen Mittelstand, schärfer. Mit einer neuen Strategie, die sich positiv durch eine zeitgerechte Definition gesellschaftlicher Verantwortung hervorhob, wurde ein Aktionsplan verabschiedet, der u. a. einen Vorschlag für eine Rechtsvorschrift zur Offenlegung von bspw. sozialen und ökologischen Informationen durch die Unternehmen beinhaltete (EU KOM 2011a). Bemerkenswert schnell hat die Europäische Kommission nun den Richtlinienvorschlag durch das Parlament verabschiedet. Überrascht kann von dem Ergebnis eigentlich kein Unternehmen mehr sein: Wenn die Europäische Kommission erst einmal ein Handlungsfeld vorfindet, in dem bisher keine Regulierung vollzogen wurde, dann wird sie dies alsbald tun. Das war der Punkt, auf den Dietmar Harting bereits im Jahr 2001 hinwies, als er die erste Veröffentlichung zur sozialen Verantwortung von Unternehmen las. Seit diesem Tag war er wachsam, befürchtete er doch zu Recht, dass in den nächsten Jahren eine Regulierung folgen sollte.

Die HARTING-Technologiegruppe

Dietmar Harting ist persönlich haftender Gesellschafter der HARTING KGaA und führt die Technologiegruppe gemeinsam mit seiner Frau Margrit und seinen beiden Kindern. Den Grundstein legten Wilhelm und Marie im September 1945 mit den „Wilhelm Harting Mechanische Werkstätten". Zunächst war das Angebot durch Produkte des täglichen Bedarfs wie Kochplatten, Sparlampen und Feueranzünder geprägt. Frühzeitig erkannte das Unternehmen die Bedeutung der Verbindungstechnik und setzte schon Anfang der fünfziger Jahre mit der Entwicklung und Produktion der Han®-Produktfamilie einen weltweiten Standard, die HARTING-Norm. In Kombination mit dem Ausbau der Leiterplattensteckverbinder waren die besten Voraussetzungen für eine erfolgreiche Internationalisierung gegeben.

Heute erwirtschaftet das Familienunternehmen mit mehr als 3 800 Mitarbeitenden einen Umsatz von über 480 Millionen Euro. Die Technologiegruppe ist mit eigenen Tochtergesellschaften in mehr als 40 Ländern vertreten und produziert mit ihren elf Produktionsgesellschaften auf allen wichtigen Kontinenten.

Werte verbinden

Verantwortung, Achtsamkeit und Respekt sind Werte, die schon seit der Gründung des Unternehmens gelebt, später auch niedergeschrieben und kontinuierlich weiterentwickelt wurden. Das Familienunternehmen orientiert sein unternehmerisches Handeln zudem seit jeher an den Werten der sozialen Marktwirtschaft. So ist der sorgsame Umgang mit der Natur als Grundwert in der sozialen Marktwirtschaft verankert. Doch nicht immer akzeptieren Menschen, dass auch die Natur schützenswert ist, und beuten sie aus. Die siebziger Jahre waren geprägt durch die wissenschaftliche und gesellschaftliche Auseinandersetzung mit den Folgen wirtschaftlichen Handelns, welches bis dato eigene Rechte der natürlichen Umwelt nur unzureichend berücksichtigte. Auf Initiative des Club of Rome führten die Arbeiten von Wissenschaftlern um Dennis Meadows im Jahre 1972 vor Augen, dass Bevölkerungswachstum, Ausbeutung von Rohstoffen und Umwelt sowie die Industrialisierung die Menschheit an ihre Grenzen führen würden und prägten den Begriff der Grenzen des Wachstums (Meadows 1972). Die damit einhergehende Debatte um den verantwortungsvollen Umgang mit der Natur, insbesondere die Arbeiten des Forscherehepaares Ehrlich und des CDU-Politikers Herbert Gruhls, der später zu den Gründungsvätern der Partei der Grünen gehörte, prägten und prägen das unternehmerische Handeln Dietmar Hartings. Verdeutlicht wird dieser Anspruch in der Vision der HARTING-Technologiegruppe, der im Jahre 1996 mit dem Satz festgehalten wurde: *„Wir wollen Werte für Menschen schaffen."*

Berechtigtes Anliegen

In den Jahren 2003, 2004 erreichten das Unternehmen die ersten Forderungen von Kunden, die Wahrnehmung gesellschaftlicher Verantwortung im Rahmen ihrer Lieferkette nachzuweisen, die sich in den Folgejahren mehrten. Sie beinhalten in der Regel die Unterzeichnung und damit verbundene Einhaltung eines vom Kunden formulierten Code of Conduct. Das auf den ersten Blick mehr als berechtigte Interesse der Kunden, Transparenz und Sicherheit über eine ethisch korrekt aufgestellte Lieferkette zu erhalten, erweist sich auf den zweiten Blick als ein nicht triviales Unterfangen in der Umsetzung. Jeder einzelne Verhaltenskodex muss geprüft, implementiert und seine Umsetzung nachverfolgt werden. Dabei unterscheiden sich die Kodizes oftmals – nicht in der Grundaussage, sondern im Detail: Während der eine Kunde Kinderarbeit unter 15 Jahren nicht duldet, erwartet der nächste ein Mindestalter von 16 Jahren und ein weiterer akzeptiert überhaupt keine Kinderarbeit. Wenn in entsprechenden Codes of Conduct auf etablierte Standards wie den UN Global Compact, die SA 8000 oder die OECD Guidelines verwiesen und damit implizit deren Umsetzung eingefordert wird, so erhöht sich die Komplexität drastisch[13]. Um sich über die Umsetzung und die entsprechenden Fortschritte zu informieren, werden Kontrollstrukturen wie Berichte oder Audits vorgesehen. Audits können dabei direkt vom Kunden oder von einem Auditor vorgenommen werden. Wenn dann noch der Kunde den Auditor bestimmt, der Tochtergesellschaften/Niederlassungen in einem Land wie bspw. China auditieren soll, das Unternehmen aber die Kosten zu tragen hat, dann stellt sich die Frage, ob die unternehmerische Freiheit noch gewährleistet ist. HARTING akzeptiert das berechtigte Interesse seiner Kunden, sich darüber Auskunft zu verschaffen, ob die Technologiegruppe als Zulieferer nach ethisch korrekten Gesichtspunkten arbeitet. Wenn aber dieser Ansatz dazu führt, dass jeder Verhaltenskodex eines Kunden gesichtet, implementiert und durch Dritte auditiert werden muss, dann muss dieser Aufwand ins Verhältnis zur eigentlichen Zielsetzung gesetzt werden, nämlich eine verlässliche Auskunft über die Wahrnehmung gesellschaftlicher Verantwortung zu erhalten. Von daher hat sich HARTING schon frühzeitig auf den Weg gemacht, einen geeigneten Maßstab zu finden, der sowohl die Ansprüche der Kunden als auch die Belange des eigenen Unternehmens miteinander in Einklang bringt.

Maßstab

Wie ist nun ein geeigneter Maßstab zu finden, anhand dessen die gesellschaftliche Verantwortung des Unternehmens nachweislich für Dritte aufgezeigt werden kann? Vielfach wird auf das Ehrenwort eines Kaufmanns und damit des Unternehmers verwiesen, der mit einem Handschlag Geschäfte nach Treu und Glauben abschließt. Historisch betrachtet geht dies auf das 11. bzw. 12. Jahrhundert zurück, als die ersten Kaufleute ihre Geschäfte aufnahmen und sich auf Reisen begaben[14]. Sie mussten bezüglich zweier Faktoren Vertrauen herstellen: Zum einen waren die Kaufleute in der Regel fremd, wenn sie an einem neuen Ort eintrafen. Sie mussten dem Vorbehalt begegnen, in betrügerischer Absicht zu handeln. Zum anderen gab es eine kollektive Schuldnerhaftung: Ein Bürger konnte einen Kaufmann zur Herausgabe der Schulden zwingen, die ein anderer Kaufmann bei ihm hatte. Wenn dieser die Schulden bezahlte, war er berechtigt, das Geld vom eigentlichen Schuldner einzufordern. Um dieser Unsicherheit zu begegnen, bildeten sich Zusammenschlüsse wie die Hanse und die

---

13) Eine lesenswerte Übersicht zu unterschiedlichen Standards sowie Initiativen im Bereich gesellschaftlicher Verantwortung liefern U. Thielemann und P. Ulrich (2008), wobei zu beachten ist, dass die ISO 26000 zum Veröffentlichungsdatum noch nicht verabschiedet war.

14) Vgl. hierzu Lin-Hi (2013) sowie Lütge (2012).

Fugger und entwickelten eigene Beweis- und Gerichtsverfahren. Als Maßstab für die Glaubwürdigkeit wurde die Kreditwürdigkeit eines Kaufmanns gewertet – Kredit ist dabei aus dem lateinischen „credere“ für „glauben“ abgeleitet. So konnte der ehrbare Kaufmann „auf Treu und Glauben“ Geschäfte abschließen[15].

Heutzutage ist dem Ehrenwort eines Kaufmannes bzw. eines Unternehmers immer noch ein hoher Stellenwert einzuräumen. Es reicht aber nicht mehr aus, um die Handelsströme in einer globalisierten Welt abzusichern. Daher erwarten Kunden zu Recht, dass ihre ethischen Vorstellungen, die sich in Verhaltenkodizes wiederfinden, umgesetzt werden. So werden dafür beispielsweise Selbsterklärungen ausgestellt, bei denen sich – wie bei dem Ehrenwort des Kaufmanns – die Problematik, wie die Einhaltung dieser Vorsätze überprüft werden kann. Bei den Kaufleuten gab es ja zumindest noch die Zusammenschlüsse, die einen Kaufmann bei Regelverstoß aus der Gemeinschaft ausschlossen. Bei einer Selbstverpflichtung ist dies nicht der Fall, da die Prüfung durch einen unabhängigen Dritten fehlt.

Zertifizierung auf Basis des Leitfadens ISO 26000

Die HARTING-Technologiegruppe hat sich für die Wahrnehmung ihrer gesellschaftlichen Verantwortung auf Basis eines einheitlichen, international akzeptierten Maßstabes, der ISO 26000, entschieden. Der Nachweis erfolgt im Rahmen einer unabhängigen Prüfung durch eine dritte Instanz, den Auditor. Die Zertifizierung stellt für die HARTING-Technologiegruppe den geeigneten Nachweis ihres eigenverantwortlichen Handelns dar.

Die Initiative zur Erarbeitung einer entsprechenden Norm wurde 2001 – und damit im selben Jahr, in dem die Europäische Kommission das Thema der sozialen Verantwortung von Unternehmen entdeckte – von der Verbraucherorganisation der ISO ins Leben gerufen. Zunächst handelte es sich um einen Antrag, die Machbarkeit sowie die Relevanz einer Norm zur gesellschaftlichen Verantwortung von Unternehmen zu prüfen. Es wurde eine Arbeitsgruppe eingesetzt, die nach intensiver Diskussion das Vorhaben befürwortete, aber folgende Änderungsvorschläge mit auf den Weg gab: Es sollte von der gesellschaftlichen Verantwortung aller Organisationen und nicht nur von der von Unternehmen gesprochen werden. Zudem sollte keine

[15] Es ist wichtig zu ergänzen, dass es zum Kodex eines ehrbaren Kaufmanns gehörte, sich für das Gemeinwohl zu engagieren. Sinnbild hierfür ist beispielsweise das Handeln der Familie Fugger, vgl. dazu auch ausführlich le Goff (2009) sowie Kluger (2010).

neue Managementsystemnorm entstehen und damit eine Zertifizierung ausgeschlossen werden. Letztendlich sprachen sich insbesondere die Entwicklungs- und Schwellenländer für das Vorhaben zur Erarbeitung eines Leitfadens zur gesellschaftlichen Verantwortung von Organisationen aus. Mit diesem Votum setzte sich auch Dietmar Harting auseinander und sah sich mit der Fragestellung konfrontiert, ob er sich der Verantwortung eines internationalen Votums überhaupt entziehen konnte[16]. Schließlich leben ja gerade die deutschen Unternehmer in der sozialen Marktwirtschaft wesentliche Werte, die auch Dritten Orientierung bei der Wahrnehmung gesellschaftlicher Verantwortung geben können. Daher unterstützte er das Normungsprojekt fortan: Zum einen durch eine deutsche Wirtschaftsethikerin, die den Normungsprozess begleitete, zum anderen durch die Implementierung der ISO 26000 im eigenen Unternehmen.

Im Rahmen von Verbandssitzungen und zahlreichen Einzelgesprächen hat HARTING sich immer wieder für die ISO 26000 ausgesprochen und insbesondere die Diskussion des Nachweises verantwortlichen Handelns geführt.[17] Der Vorteil der ISO 26000-Implementierung liegt darin, dass es sich bei den Inhalten um einen internationalen Konsens zur gesellschaftlichen Verantwortung handelt. Die Zertifizierung durch einen unabhängigen, aber anerkannten Dritten ist eine glaubwürdige Basis, um Partnern Auskunft über das verantwortungsbewusste Handeln zu geben. Dabei sind zwei Punkte zu unterstreichen: Die Zertifizierung entbindet die Technologiegruppe nicht davon, mehr zu tun als in dem Regelwerk aufgeführt, bzw. das zu tun, was im Rahmen der verantwortungsbewussten Unternehmensstrategie als das Richtige, Angemessene und Wesentliche identifiziert wurde. Zertifizierung bringt den großen Vorteil mit sich, dass es eigenverantwortliches Handeln darstellt, da nicht Dritte darüber bestimmen können, welche Auditoren im Unternehmen entsprechende Prozesse prüfen. Zudem stellt es einen transparenten Prozess dar, der Dritten bei berechtigtem Interesse Auskunft geben kann.

---

16) In einem Interview mit Christiane Anastassiou erläutert Dietmar Harting seine Beweggründe, vgl. Anastassiou 2011.

17) Stellvertretend ist die Rede von Dietmar Harting zum 1. Jahreskongress „Nachhaltigkeit trifft Industrie“ von publish industry zu nennen, vgl. Klingler-Deiseroth (2011).

Partnerwahl

Nach der Aufnahme der Normungsarbeiten im Jahre 2005 lag im Jahre 2008 ein erster Entwurf der ISO 26000 vor, der einen Selbstcheck im Unternehmen erlaubte. Aufgrund der zertifizierten Managementsysteme für die Bereiche Qualität, Arbeits- und Umweltschutz war eine gute Basis vorhanden, die HARTING darin bestärkte, den begonnenen Weg der Implementierung eines ganzheitlichen Managementsystems zur Wahrnehmung gesellschaftlicher Verantwortung über eine angestrebte Zertifizierung fortzuführen. Auf der Suche nach einem geeigneten Auditpartner entschied sich die HARTING-Technologiegruppe für eine ihr bekannte Organisation, die sich auf die Begutachtung und Zertifizierung von Managementsystemen fokussiert hat und sich schon bei einem früheren Piloten, der IRIS-Zertifizierung, als ein kompetenter Partner erwiesen hatte. Da die Zertifizierung von CSR als Gesamtthema für beide Partner Neuland bildete, wurden neben einer umfangreichen Bestandsaufnahme sowie Dokumentenanalyse auch umfangreiche Voraudits in den Jahren 2009 und 2010 durchgeführt. Das Audit selbst fand im März und April 2011 statt. Der HARTING-Technologiegruppe wurde am 14. Juli 2011 für die Connectivity & Networks Gesellschaften in Deutschland, HARTING Deutschland, HARTING Electric, HARTING Electronics und die HARTING KGaA das Zertifikat für ein CSR-Managementsystem übergeben. HARTING hat die Handlungsempfehlungen der ISO 26000 genutzt, um sein Managementsystem zur gesellschaftlichen Verantwortung entsprechend zu gestalten. Grundlage für dessen Auditierung wiederum bilden die ONR 192500 aus Österreich sowie die RS 10 aus Spanien, die beide zertifizierbare Managementsystemstandards in Anlehnung an ISO 26000 darstellen. Für die österreichische Regel sprachen nicht zuletzt die sprachliche sowie kulturelle Nähe. HARTING selbst beteiligte sich seit 2010 an der Erarbeitung der österreichischen Regel. Der spanische Standard wurde hinzugezogen, um den internationalen Anspruch zu unterstreichen.

CSR@HARTING

Das Zertifikat zur gesellschaftlichen Verantwortung ist dem Engagement aller Mitarbeitenden der HARTING-Technologiegruppe zu verdanken. Es ist Ausdruck ihrer Leistungsfähigkeit und der Qualität des Umgangs miteinander. Zwei Aspekte vereinfachten die Einführung der ISO 26000 maßgeblich: Zum einen setzt die Technologiegruppe ihre Ziele im Rahmen des so genannten HARTING Way um, der auf dem EFQM-Modell für Excellence basiert. Gesellschaftliches Engagement wird seit der Einführung des HARTING Way im Jahre 1998 als

Erfolgsfaktor gewertet und führt gemeinsam mit den anderen Befähigungskriterien des Modells zu Geschäftsergebnissen und Werten. Zum anderen sind die hohen Erfahrungswerte mit Managementsystemen im Hause als förderlich hervorzuheben. Seit 1990 ist das Stammwerk nach der ISO 9001 zertifiziert. 1995 – ein Jahr nachdem das Grundgesetz um den Artikel 20a, den Schutz der Umwelt, erweitert wurde – erfolgte die erste Umweltprüfung. Darauf aufbauend wurden 1996 das EMAS-Zertifikat und 1997 das ISO 14001-Zertifikat verliehen. Neben weiteren branchenspezifischen Regelwerken ist HARTING auch nach der OHSAS 18001 zertifiziert.

Bezüglich der gesellschaftlichen Verantwortung bestand die Herausforderung darin, seit Jahren gelebte Werte, Ziele und Prozesse nun in Hinblick auf ihre unterstützende Funktion für die Wahrnehmung gesellschaftlicher Verantwortung zu untersuchen. Ein interdisziplinäres Kernteam aus dem Leiter Qualität, dem Leiter Recht sowie einer CSR-Spezialistin startete das Projekt und trat mit den betreffenden Fachbereichen in die Diskussion. Als vorteilhaft erwiesen sich dabei die Offenheit und die hohe Identifikation der Mitarbeitenden mit der Themenstellung. Denn viele sind sowohl im Arbeits- oder Privatleben mit der Fragestellung konfrontiert, wie sie beispielsweise sichergehen können, dass ein eingekauftes Produkt umweltgerecht hergestellt wurde.

Während der ersten Treffen im Unternehmen zum Thema CSR bestand der Schwerpunkt im Informationsaustausch. Die jeweiligen Bereiche stellten ihre Ziele, Strategien und Prozesse vor. Das CSR-Kernteam führte in die Thematik gesellschaftlicher Verantwortung ein und informierte sowohl über die Inhalte und Anforderungen als auch über die Wahl der Zertifizierung als geeigneten Maßstab für den Nachweis der Wahrnehmung selbiger. Das gegenseitige Verständnis war Voraussetzung, um genau die Bereiche zu identifizieren, in denen HARTING die Empfehlungen zur ISO 26000 noch nicht zufriedenstellend erfüllte. Die Resultate waren sehr unterschiedlich. Bspw. sind der Umwelt- und Arbeitsschutz schon seit Jahren etabliert und nach anerkannten Managementsystemnormen zertifiziert. Bei der Auseinandersetzung mit dem Kernthema „Faire Geschäftspraktiken" wurde schnell deutlich, dass im Hause – obwohl seit jeher gelebte Praxis – nur wenig dokumentierte Verhaltensregeln beispielsweise bei der Annahme und Vergabe von Geschenken oder auch dem Verhalten in Verbänden vorlagen. Sehr schnell bestand Einigkeit darüber, dass die schon gelebten Verhaltensweisen im Sinne einer Richtlinie niedergeschrieben, eventuell auch ergänzt werden mussten, um jedem Mitarbeitenden die Option zu geben, die Regeln auch nachlesen zu können.

Erfahrung und Bewertung

Die ersten Erfahrungen mit der ISO 26000 sind sehr positiv. Bei Vertragsverhandlungen in Korea rückte ein Kunde, ein Global Player, von seiner Forderung, das eigene Compliance-System umzusetzen, ab, als er von der Implementierung der ISO 26000 durch HARTING erfuhr. Ebenfalls aus Asien stammte der erste Fragebogen eines Kunden, der explizit nach der Umsetzung der ISO 26000 fragte. Die HARTING-Technologiegruppe fühlt sich daher bestätigt, den Weg der Implementierung der ISO 26000 – in Verbindung mit der Zertifizierung – weiter zu verfolgen. Der Weg ist jedoch immer noch sehr erklärungsbedürftig und mühsam. Nur wenige Partner haben sich intensiver Gedanken darüber gemacht, wie sie ihre gesellschaftliche Verantwortung nicht nur umsetzen, sondern auch nachweisen können. Da die ISO 26000 selbst nicht zertifizierbar ist, schrecken einige Unternehmen davor zurück, sich nach nationalen Standards wie der ONR 192500 oder der RS 10 zertifizieren zu lassen, da diese nicht als Weltmaßstab gelten. Dies ist die Erfahrung aus zahlreichen Gesprächen, die mit weiteren Unternehmen zur Thematik geführt wurden.

Zudem wäre es wünschenswert, wenn eine Synopse öffentlich zur Verfügung stehen würde, die die Überschneidungen bestehender Managementsysteme mit der ISO 26000 aufzeigen würde[18]. Sehr schnell würde deutlich werden, welche Inhalte über bereits bestehende Managementsysteme hinausgehen, und ein Unternehmen könnte sich darauf konzentrieren, das entsprechende Delta zu gestalten. Da dies jedoch nicht gegeben ist, ist derzeit viel Zeit, und da kann das Unternehmen HARTING auf eigene Erfahrung verweisen, in entsprechende Gegenüberstellungen zu investieren, ohne einen direkten Nutzen bei der Umsetzung verantwortlichen Handelns zu erzielen. Hält man sich dann noch vor Augen, dass jedes einzelne Unternehmen bzw. jede einzelne Organisation diesen Abgleich selbständig vornimmt, so ist das schlichtweg ineffizient.

Nichtsdestotrotz, die ISO 26000 selbst stellt ein hervorragendes Übersichtswerk dar, das zu jedem Kernthema ausreichend Informationen beinhaltet. An manchen Stellen sind es leider zu viele – ein wesentliches Defizit der ISO 26000. Auch sind die Kernthemen nicht nach einer einheitlichen Struktur aufgebaut: einige Handlungsfelder sind reine Definitionen, andere wiederum beschreiben eine Vorgehensweise. Dies hätte man stringenter lösen können. Die ISO 26000 liefert tatsächlich Orientierung, verbietet aber aufgrund ihres Leit-

[18] Als ein erster Schritt in diese Richtung ist die Gegenüberstellung der Umweltaspekte der ISO 26000 und der EMAS zu nennen, siehe ausführlich Geschäftsstelle des Umweltgutachterausschusses (2012).

fadencharakters eine Formulierung von Anforderungen. Von daher ist jeder Einzelne bei der Umsetzung damit beschäftigt, sich zu überlegen, was beispielsweise Nicht-Diskriminierung für ihn bedeutet. Der Handlungsspielraum in entwickelten Volkswirtschaften, der über die Einhaltung von Gesetzen und etablierten Normen hinausgeht, ist für ein Unternehmen nicht auf Anhieb zu ermitteln[19]. Hierin besteht die eigentliche Arbeit, die für die Anwendung der ISO 26000 nicht förderlich ist. Die ISO 26000 würde – wie übrigens jeder andere Standard zur gesellschaftlichen Verantwortung auch – davon profitieren, wenn deutlich würde, welche Handlungsempfehlungen schon durch etablierte Managementsysteme, Standards und auch rechtliche Regelungen und Normen abgedeckt sind. So würde sich der oftmals heraufbeschworene enorme Zertifizierungsaufwand auf ein Minimum reduzieren. Die Nutznießer einer Zertifizierungsgrundlage sind alle, denn die Unternehmen müssten nicht mehr so viel Zeit in die Anerkennung und Implementierung individueller Verhaltenskodizes investieren. Sie könnten ihrer gesellschaftlichen Verantwortung und nicht zuletzt ihrem unternehmerischen Anspruch folgend – nämlich innovative Kundenlösungen zu entwickeln, die ja durchaus im Sinne der Nachhaltigkeit ausfallen – gerecht werden. Das ist unternehmerische Freiheit.

Hinweise und praktische Tipps für Anwender

- Die ISO 26000 stellt zurzeit den umfangreichsten und besten Standard zur Wahrnehmung gesellschaftlicher Verantwortung dar. Trotz der benannten Defizite lohnt sich die Auseinandersetzung mit dem Leitfaden. Dabei sind die Handlungsfelder immer vor dem Hintergrund der eigenen Unternehmensstrategie bzw. des eigenen Kerngeschäfts zu bewerten und ihre Relevanz im Hinblick darauf einzuordnen. Denn nicht jedes Handlungsfeld muss für jedes Unternehmen relevant oder gar wesentlich sein.
- Mut zu beginnen, denn in den meisten Unternehmen ist verantwortliches Verhalten Bestandteil des Unternehmertums und viele Aspekte der ISO 26000 werden schon erfüllt. Die Auseinandersetzung verhilft aber zur Bewertung, was noch gemacht werden sollte bzw. wo Potenzial zur Verbesserung besteht.
- Die Bildung eines interdisziplinären CSR-Teams verhilft zum Austausch von Positionen und erleichtert die Implementierung im Unternehmen.

[19] Eine wichtige Unterstützung liefert hier Bay (2010), der u. a. die Empfehlungen der ISO 26000 den deutschen Gesetzen und Regelwerken gegenüberstellt.

5.6 Erfahrungsbericht INTERSEROH Dienstleistungs GmbH

Dr. Patricia Van Sande

Unternehmen: INTERSEROH Dienstleistungs GmbH

Standort: Köln

Anzahl der Mitarbeiter: Als Segment Services ist Interseroh innerhalb der ALBA Group heute mit etwa 1 600 Mitarbeitern an 27 Standorten europaweit aktiv.

Branche: Umweltdienstleistungen

Kerngeschäft: Unter dem Dach der ALBA Group steht die Marke Interseroh für die Organisation innovativer Umweltdienstleistungen und Recyclinglösungen. Als Teil der ALBA Group gehört Interseroh zu einem der weltweit größten Umweltdienstleister und Rohstoffanbieter. Interseroh repräsentiert in der ALBA Group das Segment Services und ist Spezialist für Abfallvermeidung und Produkt-Recycling, Rücknahme und Sortierung von Verpackungen, die Bereitstellung wertvoller Sekundärrohstoffe und nachhaltiger Mehrweglösungen sowie für Facility Management.

CSR-Verantwortliche/r: Lenkungskreis Nachhaltigkeit

Gesellschaftliche Verantwortung bedeutet für uns:
„Echt nachhaltig!“: So lautet unser Anspruch, für die eigenen Unternehmensprozesse Verantwortung zu übernehmen und zugleich unsere Kunden und Lieferanten auf dem Weg zu mehr Nachhaltigkeit zu unterstützen. Denn Nachhaltigkeit ist für uns Überzeugung und echter Geschäftszweck.

Ein zukunftsfähiges Unternehmensmodell

Die INTERSEROH Dienstleistungs GmbH wurde im Jahr 1991 als Anbieter von Organisationslösungen für das Stoffstrommanagement mit Sitz in Köln gegründet. Der wesentliche und historisch betrachtet also erste Grund für Nachhaltigkeitsüberlegungen war somit die Erfüllung gesetzlicher Verpflichtungen für Industrie und Handel und damit von Kundenanforderungen. Darüber hinaus nimmt Nachhaltigkeit vor dem Hintergrund steigender Kundenanforderungen, entsprechender Aktivitäten des Wettbewerbs und der zunehmenden Auseinandersetzung mit wichtigen Stakeholdern für das Geschäft von Interseroh einen immer größeren Stellenwert ein.

Auf Basis ihres unternehmerischen Zwecks wurden bei Interseroh weiterhin wichtige Aspekte des verantwortungsbewussten Abfallmanagements reflektiert und für die strategische Ausrichtung als Impulse aufgenommen und implementiert. So ist Interseroh heute einer der führenden Anbieter nachhaltiger Systemdienstleistungen rund um die Schließung von Produkt-, Material- und Logistikkreisläufen. Durch seine Geschäftstätigkeit trägt das Unternehmen in der Kreislaufwirtschaft zu Klimaschutz und Ressourcenschonung bei. Eindrucksvoll belegt wird dies unter anderem von Fraunhofer UMSICHT durchgeführten CO_2- bzw. Treibhausgas-Bilanzen. Die Wahrnehmung gesellschaftlicher Verantwortung zeigt sich außerdem im Rahmen der langjährigen Patenschaft mit den Kölner Kinderheimen (KidS), die bereits seit 2003 besteht und mit unterschiedlichsten Aktionen kontinuierlich weitergeführt wird.

Um den Transparenzanforderungen durch eine verbesserte Kommunikation ökologischer und sozialer Themen zu entsprechen, hat sich Interseroh im Jahr 2010 und dann abermalig 2011 nach den Kriterien des TÜV Rheinland STAR in neun Kategorien auditieren lassen. STAR steht für Sustainable, Trustworthy, Accountable und Responsible (nachhaltig, vertrauenswürdig, zuverlässig und verantwortungsvoll). Diese umfassende Unternehmensbewertung analysierte und beurteilte die Verantwortung von Interseroh gegenüber Umwelt, Gesellschaft, Mitarbeitern und Geschäftspartnern. Dabei erhielt Interseroh die fünf möglichen Sterne (2010: vier) und erzielte damit die Top-Bewertung „hervorragend“ (2010: „exzellent“). Dieses Ergebnis wurde durch einen Evaluierungsbericht ergänzt, der eine detaillierte Analyse der Stärken und Schwächen der Organisation beinhaltete. Die hier aufgezeigten Verbesserungspotenziale wurden priorisiert und dienten als Grundlage für den kontinuierlichen Entwicklungsprozess.

Mit der Veröffentlichung der ISO 26000 Anfang 2011 erkannte die Unternehmensentwicklung das Potenzial für Interseroh, auf Basis des Leitfadens Nachhaltigkeit zu definieren, gesellschaftliche Verantwortung strategisch zu planen und umzusetzen und ihre Prozesse und Dienstleistungen nachhaltiger zu gestalten.

Aus diesem Grund wurde in einem eintägigen Workshop, begleitet durch ein CSR-Beratungsunternehmen, das bestehende Managementsystem der INTERSEROH Dienstleistungs GmbH vor dem Hintergrund der ISO 26000 in einem Screening überprüft. Ausgangsfrage war, ob die bestehende Auditierung nach dem TÜV Rheinland STAR Rating durch eine Ausrichtung an der ISO 26000 ersetzt werden soll und welche Vorteile Interseroh davon hat (vgl. Abb. 6). Der dahinter stehende Anspruch war es, ein Nachhaltigkeitsmanagementsys-

TÜVRheinland STAR★ Rating

für

INTERSEROH Dienstleistungs GmbH

Stollwerckstr. 9a, 51149 Köln, Deutschland

und die Tochtergesellschaften:
INTERSEROH Pfand-System GmbH
INTERSEROH Pool-System GmbH
INTERSEROH Product Cycle GmbH
REPASACK Gesellschaft zur Verwertung gebrauchter Papiersäcke mbH

sowie
INTERSEROH Management GmbH

Corporate Governance	★★★★★
Soziale Verantwortung	★★★★★
Arbeits- und Gesundheitsschutz	★★★★★
Qualität	★★★★★
Umweltschutz	★★★★★
Informationssicherheit	★★★★
Finanzberichterstattung	★★★★★
Markenführung / Innovation	★★★★★
Fairer Handel und Wettbewerb	★★★★★
Customer Focus	★★★★★
TÜVRheinland STAR★	★★★★★

Rating-Registrierungsdatum	2011-10-26
Rating-Ablaufdatum	2012-10-25
TÜV Rheinland STAR ID	0049-K221-10-0001

2011-10-26
Datum

TÜV Rheinland STAR

TÜV Rheinland Group
tuv-star@de.tuv.com
www.tuv-star.com

TÜVRheinland®
Genau. Richtig.

Abbildung 6: Zertifikat TÜV Rheinland STAR* Rating

tem zu entwickeln, welches „state-of-the-art" ist und allen heutigen internationalen Erwartungen und legitimen Anforderungen relevanter Anspruchsgruppen (Stakeholder) genügt.

Ein ausgereiftes integriertes Managementsystem war seit längerem vorhanden und gut geeignet für die konsequente Erweiterung um Sozial- bzw. Nachhaltigkeitsaspekte nach ISO 26000. Zentrale Empfehlungen der ISO 26000, die für ein professionelles und wirksames Nachhaltigkeitsmanagement erforderlich sind, wurden bereits vereinzelt umgesetzt.

Nachhaltiges Handeln auf allen Ebenen

Ohne den Nachweis der Effektivität und betriebswirtschaftlichen Effizienz werden Maßnahmen gesellschaftlicher Verantwortung, von gesetzlich getriebenen Ausnahmen abgesehen, kaum selbstverständlicher Bestandteil einer Unternehmenspolitik oder gar -kultur. Geschäftsleitungen stehen vor der Alternative, ihren Unternehmenszweck ausschließlich durch Anordnung und Vertragsbeziehungen zu verwirklichen oder darüber hinaus auf Basis gemeinsamer Grundsätze, Werte und Beteiligung.

Unser unternehmerisches Interesse geht über eine betriebswirtschaftliche Betrachtungsweise hinaus, weil – so unsere zentrale Annahme – gesellschaftliche Verantwortung maßgeblich auch von nichtökonomischen Bedingungen abhängt. So werden gesellschaftliche Werte immer wichtiger für den Unternehmenserfolg: Gesundheit, nachhaltige Entwicklung, soziale Verantwortung, Umwelt (-bewusstsein).

Schlüssel für eine glaubwürdige und akzeptierte Unternehmenspolitik sind die Mitarbeiter. Sie bilden auch gleichzeitig die Schnittstelle zwischen internen Managementsystemen und den Leistungen, die für den Kunden erbracht werden. Als Dienstleistungsunternehmen hat Interseroh erkannt, dass ihre Wettbewerbsfähigkeit noch mehr als bisher von der Leistungsfähigkeit und Leistungsbereitschaft und dem Wissen ihrer Mitarbeiterinnen und Mitarbeiter abhängt. Dies schlägt sich daher auch in der Unternehmenspolitik nieder. Gesundheit ist neben angemessener Qualifizierung und Entlohnung unser zentrales Anliegen.

Wir sind darüber hinaus überzeugt, dass das von außen nachweislich wahrnehmbare Engagement im Bereich der Nachhaltigkeit auch das Image gegenüber allen Anspruchsgruppen stärkt. Unternehmen, die erfolgreich Kunden binden und neue Zielkunden gewinnen wollen, setzen sich konsequent mit ihrer nachhaltigen Entwicklung auseinander und führen diese zielgerichtet ein. Zielgerichtet bedeutet, dass ausgehend von den gesetzten strategischen Anforderungen Potenziale zur nachhaltigen Verbesserung im Unternehmen identifiziert und entsprechende prozessbezogene Maßnahmen eingeleitet werden.

Durch die spezifische Ausrichtung an den Empfehlungen der ISO 26000 erhoffen wir uns zudem eine Minimierung der Zahl potenzieller Audits. Interseroh gewinnt zusätzlich mehr Autonomie gegenüber solchen Kunden oder Geschäftspartnern, die Audits anordnen oder – ggf. auf Kosten der Interseroh – durchführen lassen, indem eine Orientierung an der ISO 26000 in Verbindung mit einem gelebten integrierten Managementsystem nach ISO 9001, 14001 und BS OHSAS 18001 sowie Entsorgungsfachbetrieb als gleichwertig anerkannt wird. Aktuell sind wir auf besonderen Wunsch eines Kunden nach ISO 22000 zertifiziert worden, wodurch sich ebenfalls aufwändige Mehrfachaudits vermeiden lassen.

Was die ISO 26000 bietet

Die ISO 26000 ist ein Managementansatz, der darauf abzielt, ein Rahmengerüst für die Vielzahl der Möglichkeiten und Aktivitäten zu liefern, die bei der Umsetzung der gesellschaftlichen Verantwortung abgedeckt werden sollten. Ihre Systematik hilft uns bei der Initialisierung, Planung, Durchführung und Steuerung von nachhaltigen Maßnahmen, die in unserer Nachhaltigkeitsstrategie definiert wurden. In jedem Fall ist die ISO 26000 eine Bereicherung dafür, sich grundsätzlich positiv als Unternehmen zu verändern, bestimmte geschäftliche Ziele besser zu erreichen oder einen bestimmten geschäftlichen (Kunden-)Nutzen zu realisieren.

Echt nachhaltig

Nachhaltigkeit ist für uns Überzeugung, indem wir Werte sichern, und echter Geschäftszweck, indem wir Werte schaffen. Unsere Nachhaltigkeitsstrategie wirkt in die Abläufe und Strukturen von Interseroh hinein und führt letztlich zu einem integrierten Handeln mit vielen Wechselwirkungen. Dieser integrative Ansatz ist notwendig, um den komplexen und vielfältigen Anforderungen nachhaltigen Agierens gerecht zu werden und eine themen- und organisationsübergreifende Zusammenarbeit aller Nachhaltigkeitsakteure möglich zu machen. Bei der Dienstleistungserbringung bedeutet Nachhaltigkeit vor allem, gesellschaftliche, ökologische und ökonomische Änderungs- und Entwicklungsprozesse frühzeitig aufzugreifen und zu berücksichtigen.

Unsere Nachhaltigkeitsstrategie basiert dabei auf sieben Handlungsfeldern (s. Abb. 7).

Die Nachhaltigkeitsstrategie wurde von der Geschäftsleitung des Segments Services beschlossen, nachdem ein sechsmonatiger Prozess, in dem die wesentlichen Nachhaltigkeitsaspekte erfasst und bewertet wurden, abgeschlossen war. Ein großes Gewicht lag auf den künftigen Rahmenbedingungen unseres Geschäfts und der Ableitung von Zukunftschancen. Aus dieser Analyse haben wir in internen Workshops, bei einer Führungskräftetagung und in Gesprächen mit unseren Stakeholdern strategische Implikationen abgeleitet und zu

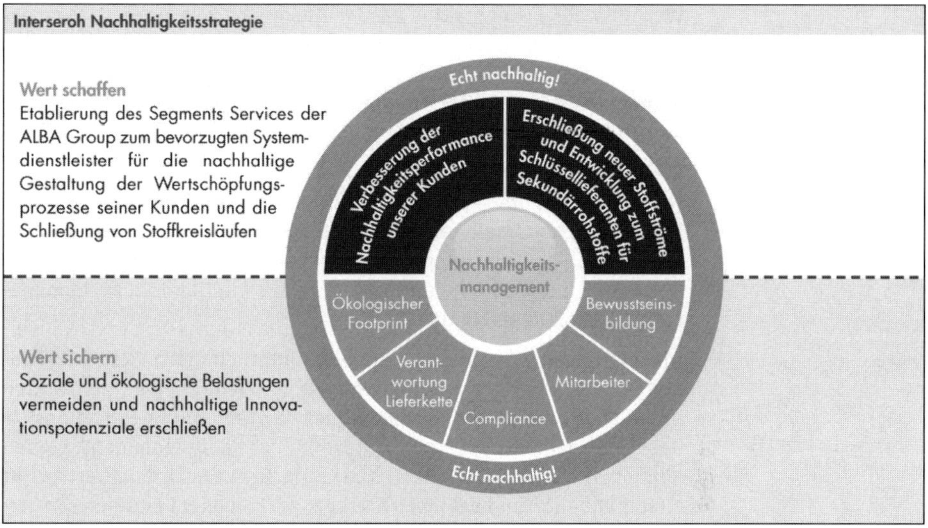

Abbildung 7: Interseroh Nachhaltigkeitsstrategie
(Quelle: Interseroh Nachhaltigkeitsbericht 2012)

Handlungsfeldern zusammengefasst. Innerhalb dieser Handlungsfelder verfolgen wir sowohl wertsichernde als auch wertschaffende Zielsetzungen, die wir in spezifischen Roadmaps konkretisieren und mit detaillierten Zielvorgaben versehen.

Die ISO 26000 stellte in der Entwicklung und in der operativen Umsetzung der Nachhaltigkeitsstrategie eine einschlägige Orientierungs- und Gestaltungsperspektive des unternehmerischen Handels dar. Sie wird auch zukünftig ein wesentlicher Stützpfeiler im integrierten Managementansatz von Interseroh sein.

Kritische Erfolgsfaktoren

In der betrieblichen Praxis ist das Thema Nachhaltigkeit nach einer anfänglichen Euphorie nicht immer von durchgängigem Erfolg gekrönt. Verantwortlich dafür sind unterschiedliche Faktoren. Dazu zählen die Komplexität des Themas gesellschaftlicher Verantwortung, die vermeintliche Unübersichtlichkeit der ISO 26000, die üblicherweise zu Beginn noch fehlende bzw. nicht vollständige Nachhaltigkeitsstrategie oder rein organisatorische Störfelder (zum Beispiel nicht eindeutige Verantwortlichkeiten, Begrenztheit zeitlicher Kapazitäten, fehlendes Controlling nichtfinanzieller Kennzahlen, Bedenken, jahrelang praktizierte Arbeitsabläufe umzustellen).

Wesentlicher Erfolgsfaktor ist der Austausch mit Kunden, Wissenschaftsexperten (z. B. Fraunhofer UMSICHT, Öko-Institut) und Mitarbeitern. Unverzichtbar ist vor allem ein professionelles Projektmanagement (ggf. in Begleitung eines externen Beraters).

Wir haben aus dem Projekt zur Erstellung der Nachhaltigkeitsstrategie und des Nachhaltigkeitsberichts so viele Impulse erhalten, dass wir den Dialog über Nachhaltigkeit auch künftig fortsetzen werden. Neben dem regelmäßigen Austausch mit unseren Kunden intensivieren wir auch die Teilnahme an branchenspezifischen Nachhaltigkeitsinitiativen und den Ausbau interner Foren wie Dialog- und Managementtage mit unseren Mitarbeitern.

Die ISO 26000 ist für jede Art von Unternehmen in jeder Umgebung geeignet. Sie gibt uns eine Fülle von Anregungen, die je nach den besonderen Anforderungen des einzelnen Unternehmens in der Unternehmensgruppe unterschiedlich aufgenommen werden können. Ihr logischer und klar strukturierte Aufbau erleichtert es, ihr zu folgen. Aufgrund seines Praxisbezugs ist dieser Leitfaden die perfekte Ergänzung zu den bisher bekannten, für Außenstehende eher theoretisch wirkenden Normen wie zum Beispiel ISO 14001 oder BS OHSAS 18001.

Nachhaltigkeitsorganisation

Verantwortlich für die Umsetzung der Nachhaltigkeitsstrategie ist die Geschäftsführung in Zusammenarbeit mit dem Lenkungskreis Nachhaltigkeit (vgl. Abb. 8). Er besteht aus sieben Paten, die jeweils für ein Handlungsfeld verantwortlich sind, und zwei Nachhaltigkeitskoordinatoren. Diese werden von Projektteams unterstützt, die im Auftrag der Paten für die Umsetzung der beschlossenen Ziele und Maßnahmen verantwortlich sind.

Zukünftige Entwicklung

Grundlegend für das Nachhaltigkeitsmanagement sind eine fakten- und datenorientierte Prioritätensetzung sowie eine an anerkannten Standards orientierte Planung, Durchführung und Evaluierung einzelner Projekte oder Maßnahmen.

Interseroh hat zum Beispiel einen Nachhaltigkeitsindex entwickelt. Dieser gibt den Fortschritt bezüglich der Erreichung der definierten Ziele an. Er wird von den Nachhaltigkeitskoordinatoren monatlich aktualisiert und an die Geschäftsführung und den Lenkungskreis berichtet. Der Nachhaltigkeitsindex errechnet sich aus den erzielten Fortschritten bei der Umsetzung formulierter Maßnahmen und Ziele

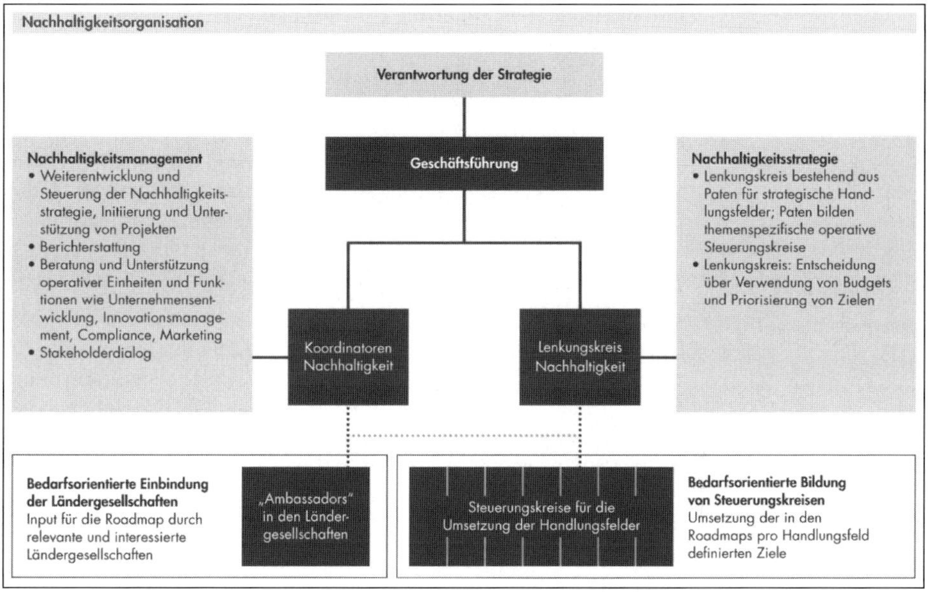

Abbildung 8: Interseroh Nachhaltigkeitsorganisation
(Quelle: Interseroh Nachhaltigkeitsbericht 2012)

sowie der Gewichtung unterschiedlicher Zieldimensionen. Diese Gewichtungen sind flexibel und können vom Lenkungskreis Nachhaltigkeit angesichts veränderter Rahmenbedingungen oder strategischer Ziele angepasst werden.

Zudem hat das integrierte Managementsystem das Bewusstsein für die Notwendigkeit nichtfinanzieller Kennzahlen geschärft. In der Praxis von Interseroh dominierten bisher finanzielle Kennzahlen. Sie werden nun zunehmend und systematisch durch nichtfinanzielle Kennzahlen im Kontext der Nachhaltigkeitsberichterstattung und im betrieblichen Alltag ergänzt. Ein entsprechendes Controlling gewährleistet, dass das Erreichen der Nachhaltigkeitsziele verfolgt und ein Feedback systematisch eingefordert wird. So entsteht aus Zielsetzung (Plan), Umsetzung von Maßnahmen (Do), Kontrolle und Feedback (Check) und Ableitung neuer Ziele (Act) ein kontinuierlicher Prozess („PDCA-Zyklus"), der zur Verbesserung der Nachhaltigkeit aller Leistungen und Prozesse im Unternehmen führt.

Wir wollen unsere Berichterstattung ernsthaft und glaubwürdig betreiben, damit unsere Arbeit nachvollziehbar, bewertbar und gestaltbar ist. Hierfür benötigte Interseroh ein verlässliches und ordnungsgemäßes Reporting der Nachhaltigkeitsleistung. Der Nachhaltigkeitsbericht entspricht daher den international gültigen Richtlinien der Global Reporting Initiative (GRI G3/3.1) mit Anwendungslevel B+. Damit ist Interseroh das erste Unternehmen in der Branche mit einem extern geprüften Nachhaltigkeitsbericht. Interseroh wird auch zukünftig den Fortschritt kontrollieren und die Ergebnisse über soziale und ökologische Leistungen berichten. Dahinter steht das Bestreben des Unternehmens, gegenüber Kunden, Mitarbeitern, Lieferanten und einer breiteren Öffentlichkeit Transparenz über die Auswirkungen seiner Geschäftstätigkeit auf die natürliche und gesellschaftliche Umwelt zu schaffen.

Gesellschaftliche Verantwortung ist für alle, die ihre Bandbreite für den ‚normalen Geschäftsalltag' erweitern wollen, Inspiration und Anstoß zum nachhaltigen und innovativen Handeln. Wir wollen daher – vor allem verstärkt mit unseren Kunden und Lieferanten – alte (Denk-)Muster noch stärker und daher systematisch in Frage stellen und neue nachhaltigere Lösungen entwickeln und gemeinsam umsetzen.

Ein erstes Fazit

Viele Unternehmen versuchen, die Kundenanforderungen und die Dienstleistungen externer Lieferanten mit den Kompetenzen der eigenen Mitarbeiter zusammenzubringen, um Geschäfte kontrolliert, möglichst ohne wesentliche oder gar existenzielle Risiken erfolgreich abzuwickeln. Ohne übergreifende Prinzipien guter sozialer Verantwortungspraxis haben Auftraggeber und Auftragnehmer unterschiedliche Vorstellungen, wie zum Beispiel ein länderübergreifendes Projekt organisiert werden soll. Die ISO 26000 kann also alle Beteiligten in einem Team zusammenführen, das alle Voraussetzungen für ein effektives Management mit sozialer Verantwortung erfüllt. Die ISO 26000 verwendet bekannte und bewährte Best Practices. Die Norm bietet daher eine einheitliche Terminologie und verantwortliche Ablaufstruktur, die eine klare Kommunikation und Absprache in einem einzelnen Unternehmen oder in einer länderübergreifenden Unternehmensgruppe ermöglicht.

Hinweise und praktische Tipps für Anwender

- Nachhaltigkeitsstrategie unmissverständlich definieren, mit ausreichenden Details für ein anschließendes Nachhaltigkeitsmanagement und -programm
- Mit einer Bestandsaufnahme auf Basis der Systematik der ISO 26000 anfangen und so schrittweise die für das Unternehmen wesentlichen Komponenten eines Nachhaltigkeitsmanagements identifizieren, ausgestalten und als Programm umsetzen
- Zusammenarbeit effektiv koordinieren, sodass beim Nachhaltigkeitsprogramm auch alle Einschränkungen hinsichtlich Zeit, Ressourcen (vor allem zugedachter Anteil der Arbeiten, die zu bewältigen sind) und Budget berücksichtigt werden
- Notwendiges Klima der Offenheit und Aufgeschlossenheit für Veränderungen schaffen, indem der tatsächliche Nutzen einer Nachhaltigkeitsmaßnahme kommuniziert wird (positive, quantifizierte oder qualifizierte Ergebnisse, derentwegen ein Projekt durchgeführt wird und die eine Investition rechtfertigen)
- Aktive Maßnahmen zur Mitarbeiterqualifizierung und -motivation
- Vor allem anhand von Ausschreibungen ist festzustellen, dass Kunden vermehrt maximale Transparenz in Sachen sozialer Verantwortung und nachhaltiger Entwicklung über ihre Lieferanten erhalten möchten. Dabei setzen sie nicht nur Fragebögen ein, sondern auch Datenbanksysteme, z. B. SEDEX (Supplier Ethical Data Exchange). Da die Ersterhebung der Daten mit einem ggf. hohen Aufwand verbunden ist, ist eine grundsätzliche Entscheidung zum Umgang mit solchen Systemen zu prüfen.

5.7 Erfahrungsbericht Kreissparkasse Göppingen AöR

Sascha Lukić und Falk Hieber

Unternehmen: Kreissparkasse Göppingen (Anstalt öffentlichen Rechts)

Standort: Göppingen, Baden-Württemberg, Deutschland (Geschäftsgebiet: Landkreis Göppingen)

Anzahl der Mitarbeiter: 1 210 (Stand: August 2012)

Branche: Bankenwesen (Allfinanzdienstleister)

Kerngeschäft: Einlagen- und Kreditgeschäft sowie banknahe Dienstleistungen

CSR-Verantwortliche/r: Zurzeit liegt eine CSR-Verantwortung nur in Projektform vor. Eine aufbauorganisatorische Verankerung erfolgt nach Projektabschluss.

Gesellschaftliche Verantwortung bedeutet für uns: In Anlehnung an die ISO 26000 sprechen wir von „Gesellschaftlicher Verantwortung" bzw. „Corporate Social Responsibility" (CSR) anstatt von Nachhaltigkeit.

Diese bedeutet für uns als Kreissparkasse Göppingen, unserer historisch-kulturell gewachsenen Verantwortung gerecht zu werden und durch die pflichtbewusste Wahrnehmung unserer Vorbildrolle einen positiven Beitrag für die nachhaltige Entwicklung unserer Region und der Gesellschaft zu leisten.

Indem wir konsequent die Inhalte aller sieben Kernthemen der ISO 26000 berücksichtigen und integrativ bearbeiten, möchten wir unseren Anspruchsgruppen ein glaubwürdiger, verlässlicher und vertrauenswürdiger Partner sein.

Die gesellschaftliche Verantwortung der Kreissparkasse Göppingen: Tradition ist unser Trumpf

Die ersten deutschen Sparkassen wurden Ende des 18. Jahrhunderts gegründet (Wysocki 2005, S. 16 f. und 197 ff.)[20]. Arbeitslosigkeit, Bevölkerungswachstum und damit verbundene Versorgungsengpässe prägten diese Zeit (Pierenkemper 2009, S. 14 ff.; Hahn 2005,

[20] Es wird kontrovers diskutiert, ob Waisenkassen, Leihkassen oder Sparkassen den Status einer „Ursparkasse" verdienen. Siehe hierzu z. B. Wysocki 2005, S. 16 ff.

S. 28)[21]. Den CSR-Begriff und das, was heute thematisch darunter subsumiert wird, gab es damals nicht. Trotzdem spielte aufgrund turbulenter gesellschaftlicher Ereignisse unternehmerische Verantwortung eine wichtige Rolle. Das Einsetzen der deutschen Industrialisierung bzw. Automatisierung und ein damit einhergehender, steigender Bedarf an frischem Investitionskapital (Wysocki 2005, S. 11 und 114 ff.) und sicherer, verzinslicher Geldanlagen zur Alters- und Risikovorsorge ärmerer, mittelloser Bevölkerungsschichten (ebd., S. 10) lassen rückblickend die Notwendigkeit verlässlicher, verantwortungsbewusster und vertrauenswürdiger Finanzintermediäre erkennen. Soziale Aspekte und Gemeinwohl waren also von Anfang zentral für das Wirtschaften der Sparkassen. Heutzutage bieten in Deutschland 423 Sparkassen (Finanzgruppe DSGV 2013, S. 1) einer breiten Bevölkerungsschicht umfassende Finanzdienstleistungen an. Gemeinsam mit ihren 735 Stiftungen (ebd.) ist die Sparkassen-Finanzgruppe der größte nichtstaatliche Förderer von Kultur und Sport in Deutschland. Ihre Erträge kommen in großem Umfang der gesamten Bevölkerung zugute. Zudem gehören Sparkassen in vielen Regionen zu den größten Steuerzahlern und leisten auf diesem Wege einen bedeutenden finanziellen Beitrag an die Kommunen, wodurch die Weiterentwicklung der Regionen maßgeblich unterstützt wird.

Am 15. Oktober 1846 – vor genau 167 Jahren – nahm die „Oberamts Spar- und Leihkasse Göppingen" ihren Geschäftsbetrieb auf (Wysocki 1996, S. 12). Als Teil der Sparkassen-Finanzgruppe ist „Gesellschaftliche Verantwortung" auch für die Kreissparkasse Göppingen kein völliges Neuland, wenngleich unser Engagement in der Vergangenheit in erster Linie sozialen Aspekten diente. Unser Verantwortungsverständnis hat sich in Anlehnung an die ISO 26000 weiterentwickelt, wodurch uns der Begriff „Gesellschaftliche Verantwortung" (ISO 26000:2011, S. 17) – gegenüber dem der Nachhaltigkeit – umfassender und angemessener erscheint. Als weltweit anerkannter Leitfaden zur gesellschaftlichen Verantwortung baut sie auf bestehenden Kompetenzen und Engagements einer Organisation auf und ermöglicht, diese sinnvoll zu erweitern (ebd., S. 104 f.). Hierfür bietet sie inhaltlich wie strukturell eine fundierte Orientierung und umfasst Empfehlungen, wie gesellschaftliche Verantwortung in Entscheidungen und Aktivitäten einer Organisation eingebunden werden kann (ebd., S. 12).

---

21) Hier sei insbesondere auf den „Pauperismus" bzw. die „Pauperismuskrise" in der ersten Hälfte des 19. Jahrhunderts verwiesen (Hahn 2005, S. 15).

Für die Kreissparkasse Göppingen ist zunächst die Weiterentwicklung ihres originären Verantwortungsverständnisses von zentraler Bedeutung. Ziel ist es, der traditionellen Wahrnehmung gesellschaftlicher Verantwortung mit ökonomischem bzw. sozialem Fokus Struktur zu verleihen sowie das ökologische Engagement auszubauen. Die inhaltliche und formale Systematik der ISO 26000 leistet hierzu einen wesentlichen Beitrag.

Die proaktive Wahrnehmung unserer gesellschaftlichen Verantwortung wurde vom Vorstandsvorsitzenden der Kreissparkasse Göppingen initiiert und wird von diesem kontinuierlich begleitet. Ende 2010 kam Herr Dr. Hariolf Teufel im Rahmen eines Fachvortrags das erste Mal mit der ISO 26000 in Berührung. Nachdem 2012 die ersten Gehversuche in Sachen „Nachhaltigkeit" erfolgten, hat die Kreissparkasse Göppingen schnell erkannt, dass ihr Anspruch über das, was unter „Nachhaltigkeit" verstanden wird, hinausgeht. Dementsprechend wurde 2013 eine Ausweitung der Aktivitäten sowie die Ausrichtung nach ISO 26000 beschlossen.

Gut auf Kurs – Unser Weg zur gesellschaftlichen Verantwortung

CSR ist für die Kreissparkasse Göppingen nicht einfach nur ein Managementinstrument, sondern vor allem innere Grundhaltung und Überzeugung der Organisationsmitglieder. Als öffentlich-rechtliche Einrichtung haben wir den Auftrag, die Grundversorgung der Region zu sichern (§ 6, Absatz 1 SpG). Als Finanzintermediär, Investor und Kapitalgeber haben wir dabei eine Multiplikatorwirkung auf die regionale und gesellschaftliche Entwicklung (Aßländer/Schenkel 2009, S. 45 f.; Bopp 2010, S. 278). Aus dieser Einsicht heraus sehen wir uns in der Verantwortung, unsere Finanzdienstleistungen und die entsprechenden Sekundärprozesse in einer Art und Weise zu erbringen, die positiv zur nachhaltigen Entwicklung der Gesellschaft beiträgt.

Die Inhalte gesellschaftlicher Verantwortung nach ISO 26000, CSR und Nachhaltigkeit korrelieren positiv mit unserem historisch-kulturell gewachsenen Selbstverständnis. Sie gehören zu unserer Tradition und entsprechen unserer gelebten Unternehmenskultur, wenngleich die Wahrnehmung gesellschaftlicher Verantwortung in der Vergangenheit unterschiedlich verstanden und eher unsystematisch betrieben wurde. Im Bewusstsein, dass wir sowohl Gutes tun als auch darüber reden möchten – was sich sowohl auf Maßnahmen in der Öffentlichkeitsarbeit einerseits, auf die Schaffung von Transparenz durch konstruktiven Dialog andererseits bezieht –, möchten wir mit der systematischen Wahrnehmung gesellschaftlicher Verantwortung unseren Anspruchsgruppen Glaubwürdigkeit, Vertrauenswürdigkeit sowie Kooperationsbereitschaft und -fähigkeit (Wieland 2007, S. 71 f.) signalisieren. Diesen Anforderungen genügte das klassische Drei-Säulen-Modell der Nachhaltigkeit (u. a. IFOK 1997, S. 35 ff.; Deutscher Bundestag 1998, S. 17 ff.; Kleinfeld/Kettler 2011, S. 5 f.) nicht. Es stellt zwar einen elementaren Bestandteil unseres CSR-Verständnisses dar, die ISO 26000 geht jedoch unseren Vorstellungen entsprechend darüber hinaus. Sie konkretisiert den Nachhaltigkeitsbegriff, welcher auf der Makroebene (Visionsebene) steuernd eine Organisation visionär ausrichtet und eine übergeordnete Leitfunktion erfüllt, indem sie die Grundlage für eine operative Struktur auf Mikroebene (über Kernthemen, Handlungsfelder, Maßnahmen sowie Umsetzungsempfehlungen) schafft.

Ein weiterer Grund dafür, warum wir unsere CSR systematisch wahrnehmen möchten, liegt in unserem republikanischen Verständnis unternehmerischer Verantwortung. Marktwirtschaftliche Freiheiten (Handlungsspielräume) wahrzunehmen bedeutet, gesellschaftliche Verpflichtungen (z. B. Gewinnerzielung) einzugehen und Verantwortung für diese Verpflichtungen (über die Wahl konsensfähiger Mittel) wahrzunehmen (Steinmann/Löhr 1989, S. 7 ff.). Als großer regionaler Finanzintermediär ist die zukunftsorientierte Entwicklung des Landkreises Göppingen deshalb ein wesentlicher Bestandteil unserer Unternehmensstrategie.

Wir erwarten uns von der bewussten Wahrnehmung gesellschaftlicher Verantwortung – unter Anwendung der ISO 26000 – Komplexitätsreduktion und -bewältigung durch Systematisierung, Organisation und Strukturierung unserer CSR. Auf diesem Weg wollen wir die Entwicklung der Region proaktiv begleiten und möchten als verantwortungsbewusster Akteur und Arbeitgeber wahrgenommen werden. Diese Wahrnehmung ist letztlich auch ein Schlüssel zu weiteren positiven Effekten innerhalb der ökonomischen Dimension. Ferner wollen wir eine Aktualisierung unseres tradierten Verständnisses gesellschaftlicher Verantwortung bewirken, um dadurch das Bewusstsein möglichst vieler Organisationsmitglieder für gesellschaftliche Problemstellungen zu schärfen und den verantwortungsvollen Umgang mit Natur, Ressourcen (finanzieller wie nichtfinanzieller Art), Menschen und Kultur sicherzustellen.

Die Planung zur organisatorischen Verankerung gesellschaftlicher Verantwortung befindet sich derzeit noch in Klärung. Da wir uns am Anfang der systematischen Bearbeitung gesellschaftlicher Verantwortung befinden, liegt eine Verankerung aktuell nur in Projektform vor. Das Team „Strategiebüro & Prozesse“ ist mit dem Projekt betraut. Voraussichtlich wird die Zuständigkeit für Planung, Umsetzung und Kontrolle unserer CSR-Aktivitäten auch weiterhin beim

Strategiebüro liegen. Als Teil der Abteilung „Vorstandssekretariat, Strategie & Kommunikation“ erfüllt es eine beratende Funktion gegenüber dem Vorstand, was der gesamtorganisatorischen Verankerung gesellschaftlicher Verantwortung zuträglich ist.

Die ISO 26000 – Unser Leuchtturm

Die Kreissparkasse Göppingen hat sich für die ISO 26000 entschieden, weil viele ihrer Handlungsfelder bzw. Themenstellungen unsere Geschäftsstrategie sinnvoll unterstützen und ergänzen. Hierzu zählen beispielsweise Themen wie Verbraucherschutz (DIN ISO 26000, S. 81 f. und 85 f.), Kundendienst und Beschwerdemanagement (ebd., S. 84 f.), Sicherung der Grundversorgung (ebd., S. 86), Arbeitsbedingungen und Sozialschutz (ebd., S. 57 f.), Bildung und Kultur (ebd., S. 92 f.) und viele mehr. Zudem bietet eine Ausrichtung nach ISO 26000 eine theoretisch wie praktisch fundierte Systematisierung, Strukturierung und Organisierung der eigenen Aktivitäten und Entscheidungen an der Schnittstelle zwischen operativem Tagesgeschäft, gesellschaftlicher Verantwortung und Sekundärprozessen.

Die ISO 26000 spricht konkrete Empfehlungen aus, wie gesellschaftliche Verantwortung organisatorisch voranzutreiben und zu verankern ist (ebd., S. 98 ff.). Entlang ihrer Kernthemen, Handlungsfelder und Grundprinzipien arbeitend, wurde ein wichtiger Beitrag zur Operationalisierung (Maßnahmen, Ziele) der im Unternehmen zu Beginn nur abstrakt vorhandenen Vorstellung über Inhalt und Umsetzung gesellschaftlicher Verantwortung geleistet. Die ISO 26000 verstehen wir dabei nicht als dogmatische Setzung, sondern vielmehr als bewusstseinsbildenden Anregungskatalog mit Optionscharakter, welcher eine freiwillig-dialogische Reflexionskultur im Unternehmen zu aktivieren vermag. Im Rahmen diverser Workshops, Vorträge, Präsentationen und Besprechungen erfolgt ein schrittweiser Aufbau eines kollektiven Bewusstseins zu unserer CSR. Trotz ihres Umfangs bietet die ISO 26000 dabei ausreichend Flexibilität und Anpassungsmöglichkeiten an die spezifische Situation (Umwelt, Organisation, Tätigkeit usw.) von Unternehmen. Gerade für kleine und mittlere Unternehmen können sich besondere Vorteile bei der Anwendung ergeben (ebd., S. 23), da diese in der Regel aufgrund ihrer Größe über eine gewisse (Management-)Flexibilität und Innovationsfähigkeit verfügen, was sich z. B. positiv auf die Einbindung von Anspruchsgruppen, die Entwicklung bzw. Umsetzung von Projekten und die Effizienz der Organisationssteuerung insgesamt auswirken kann.

Zudem unterstützt die ISO 26000 Anwender bei der Entwicklung neuer CSR-Tools und -Umsetzungsmethoden und liefert fachliches Input für Managementinstrumente. Beispielhaft regt sie dazu an und gibt Empfehlungen, wie Anspruchsgruppen identifiziert und eingebunden (ebd., S. 33 ff.), wesentliche bzw. relevante Handlungsfelder ermittelt (ebd., S. 101 f.) und priorisiert (ebd., S. 104) oder Verantwortlichkeiten in der gesamten Organisation langfristig verankert werden können (ebd., S. 104 ff.).

Überzeugende Argumente für die Auseinandersetzung mit gesellschaftlicher Verantwortung nach ISO 26000

Die Auseinandersetzung mit CSR, Nachhaltigkeit bzw. gesellschaftlicher Verantwortung nach ISO 26000 hat der Kreissparkasse Göppingen insbesondere den Vorteil der Systematisierung, Strukturierung und Organisation ihrer gesellschaftlichen Verantwortung ermöglicht. Da die Wahrnehmung unserer CSR aufgrund ihres Schnittstellencharakters abteilungsübergreifende Kommunikation erfordert, fördert sie den interdisziplinären Wissensaufbau bzw. -austausch im Unternehmen. Die ISO 26000 animiert zu transparentem und offenem Dialog und inklusiver Kommunikation (z. B. ebd., S. 8, 20 f., 25 f., 27 f. und 30 ff.). Sie informiert über verschiedene Arten der Kommunikation zur gesellschaftlichen Verantwortung (ebd., S. 108 f.), definiert Prinzipien zur Offenlegung von Informationen (ebd., S. 107 f.) und gibt Methoden zur Stärkung der eigenen Glaubwürdigkeit an die Hand (ebd., S. 111 f.).

Außerdem löst die ISO 26000 einen Prozess der Bewusstseinsbildung für gesellschaftliche Problemstellungen aus. Dieser Prozess findet insbesondere bei den Projektbeteiligten statt, soll aber in Zukunft durch Kommunikation und Dialog mit möglichst vielen Organisationsmitgliedern auf das gesamte Unternehmen ausgeweitet werden. Dabei gilt es zu berücksichtigen, dass jede Organisation – nach innen wie nach außen – praktischen Diskursbeschränkungen unterliegt (Aßländer 2011, S. 305 ff. nach Löhr 2005, S. 194 ff.). Ziel ist es, ein einheitliches Verständnis von CSR, Nachhaltigkeit und gesellschaftlicher Verantwortung zu schaffen. Das wird zugleich auch eine der größten Herausforderungen für die Kreissparkasse Göppingen sein. Die ISO 26000 räumt hier denjenigen Unternehmensbereichen Vorrang ein, die aus ihrer spezifischen Tätigkeit heraus empfänglicher für relevante Themenstellungen sind (z. B. Personalabteilung, Gebäudemanagement, Compliance etc.) (ebd., S. 104 f.).

Herausforderungen im Zuge der Einführung der ISO 26000

Bei der Einführung der ISO 26000 stellen sich uns vielfältige Herausforderungen, deren Lösungen viel Zeit und einen langen Atem in Anspruch nehmen (vgl. Tabelle 2). Über diese Erfahrungen möchten wir in folgender Tabelle berichten. Weil wir uns noch am Anfang einer systematischen Ausrichtung nach ISO 26000 befinden, ist unser Erfahrungsschatz aber auf einen relativ kurzen Zeithorizont beschränkt. Trotzdem zeichnen sich jetzt schon gewisse Problemfelder ab, zu welchen wir perspektivisch Lösungsvorschläge bieten möchten.

Tabelle 2: Herausforderungen bei der Einführung der ISO 26000

Problem bzw. Hindernis	Unser Lösungsansatz (zum Teil noch in Planung)
Die Komplexität des Themengebietes bewältigen	Komplexitätsreduktion durch systematisch-analytisches Verfahren bei der Bearbeitung relevanter Themenstellungen. Hierzu wurden mehrere Wokshops durchgeführt. Mit externer Unterstützung haben wir es geschafft, das Themenfeld zu strukturieren und die Komplexität zu reduzieren. Für Näheres siehe 3.3
Mangelnde Kapazitäten für die systematische Bearbeitung der sich aus der ISO 26000 ergebenden Empfehlungen und Themenstellungen	• Bewusstseinsarbeit bei Mitarbeitern, Führung und Controlling. Es gilt, vom Nutzen der systematischen Wahrnehmung gesellschaftlicher Verantwortung argumentativ zu überzeugen • Kapazitäten (wenn nötig per Vorstandsbeschluss) schaffen • Externe Unterstützung sichern (Fachkräfte, Beratung, Kooperationen, Partnerschaften, Mitgliedschaften und Engagement in freiwilligen Initiativen) • Weiterbildung der Mitarbeiter
Psychologische Barrieren seitens der Organisationsmitglieder	Zentrale Fragestellungen: • Wie schafft man ein einheitliches Verständnis? • Wie bekommt man es in die Köpfe der Mitarbeiter und Führung? • Wie schafft man es, dass das Verständnis kontinuierlich gelebt wird? Sensibilisierung und Aufklärung durch externe Beratung im Rahmen mehrerer Workshops und Konsultationsgespräche. Zudem soll intern zukünftig stärker kommuniziert (Intranet, Veranstaltungen, Abteilungsbesprechungen etc.) und ein zentraler Ansprechpartner für konkrete Rückfragen ausgewiesen werden

Tabelle 2 *(fortgesetzt)*

Problem bzw. Hindernis	Unser Lösungsansatz (zum Teil noch in Planung)
Kontinuierliche Einbindung des Vorstands	• Vorstand regelmäßig über Kenntnisstand zu aktuellen Projekten befragen und über neue Entwicklungen, Erkenntnisse und Projekte informieren • Relevante Themen in Gremien und Institutionen (Führungskreis, Erweiterte Geschäftsleitung, Verwaltungsratssitzung, Personalratssitzung etc.) regelmäßig thematisieren
Aktionismus	• Bewusstseinsarbeit und Aufklärung über die Notwendigkeit der vernünftigen Planung und Langfristigkeit von Projekten zur gesellschaftlichen Verantwortung • Eine zentrale Anlaufstelle (Strategiebüro) soll Mitarbeiter in Bezug auf die Realisierbarkeit bestimmter Ideen beraten und die Verantwortung für die Umsetzung übernehmen

Strategieentwicklung mit Hilfe der ISO 26000

Die Strategieentwicklung mit Hilfe der ISO 26000 befindet sich bei der Kreissparkasse Göppingen aktuell noch in einem laufenden Prozess. Der Status quo unserer Strategieentwicklung lässt sich wie folgt beschreiben:

Zunächst wurde ein Projektteam „Nachhaltigkeit“ gebildet. 70 % der Projektteilnehmer wurden dabei im Vorfeld bestimmt, die restlichen 30 % wurden über eine interne Ausschreibung ermittelt. Um die Meinungen möglichst vieler Organisationsmitglieder repräsentieren zu können, sind im Projektteam Mitarbeiter verschiedener Hierarchieebenen vertreten. Auch der Vorstandsvorsitzende beteiligt sich daran.

Zu Beginn wurde eine Bedarfs- bzw. IST-Analyse zur Notwendigkeit und den Treibern einer systematischen Bearbeitung unserer CSR, Nachhaltigkeit und gesellschaftlichen Verantwortung durchgeführt. Hierbei ging es auch darum, das Top-Management-Commitment des Vorstands im Projektteam zu reflektieren und auf unsere zukünftigen Aktivitäten in diesen Bereichen einzustimmen.

Im nächsten Schritt sollten Vorstand und projektbeteiligte Mitarbeiter für die mannigfaltigen Themenstellungen und Herausforderungen von CSR und Nachhaltigkeit sensibilisiert und von der Sinnhaftigkeit der bewussten Bearbeitung der Themen argumentativ überzeugt werden. Dies erfolgte zum Teil durch einen qualifizierten Wissensinput einer spezialisierten Unternehmensberatung. Übergeordnetes

Ziel war es, ein gemeinsames Verständnis von Begriffen, Inhalten und Themen zu entwickeln.

Im Rahmen eines Workshops haben wir sodann alle organisationsspezifischen Merkmale (Unternehmenszweck, Aktivitäten, Organisationsstruktur, Wertvorstellungen, Prinzipien gesellschaftlicher Verantwortung usw.) erfasst und anhand einer Mapping-Technik Anspruchsgruppen identifiziert. Diese Anspruchsgruppen wurden anschließend mittels einer zweidimensionalen Anspruchsgruppen-Matrix ihren – aus unserer Sicht – berechtigten Ansprüchen nach priorisiert. Wesentlich hierbei war die Möglichkeit zur Einflussnahme auf unsere Anspruchsgruppen. Das Ergebnis waren drei zentrale Anspruchsgruppen: Mitarbeiter, Region/Landkreis, Kunden.

Im vierten Schritt haben wir die gesellschaftliche Verantwortung der Kreissparkasse Göppingen inhaltlich konkretisiert. Anhand eines spezifischen Scoring-Modells wurden entlang der ISO 26000 methodisch-systematisch alle relevanten Handlungsfelder ermittelt. Anschließend wurden diese unter Berücksichtigung der Interessen unserer zentralen Anspruchsgruppen und der Bedeutung des jeweiligen Handlungsfelds für den langfristigen Erfolg und ihren Strategiebeitrag priorisiert, wodurch sich für uns 16 als wesentlich zu bezeichnende Handlungsfelder herauskristallisierten. Um die strategische Bedeutung von CSR für die Kreissparkasse Göppingen zu reflektieren und unsere Sichtweise um die externe Perspektive (Chancen, Risiken) zu erweitern, wurde anschließend eine CSR-SWOT-Analyse durchgeführt.

Zur Qualitätssicherung des Projektstatus erfolgte dann die Präsentation der Ergebnisse im Rahmen der Erweiterten Geschäftsleitung (Vorstand und 2. Führungsebene). Dabei wurden erste (optionale) Maßnahmen zu den wesentlichen Handlungsfeldern erarbeitet.

Aktuell sind wir bestrebt, die Wahrnehmung gesellschaftlicher Verantwortung systematisch zu verankern. Da diese unserem Verständnis nach im Kopf beginnt, werden in Zukunft vor allem bewusstseinsbildende und kompetenzaufbauende Maßnahmen notwendig sein. Hierzu zählt auch die Etablierung einer Kultur gesellschaftlicher Verantwortung, also Verständnis, Bewusstsein und Sensibilität für CSR im gesamten Unternehmen. Fortbildungen, Seminare und Schulungen können dazu sehr sinnvoll sein. Zudem muss die Organisation in ihren Aussagen, Handlungen, Ansprüchen, Werten, Strategien, organisationspolitischen Vorgaben, Strukturen und Prozessen auf gesellschaftliche Verantwortung ausgerichtet werden. Abschließend gilt es, gezielt zu kommunizieren. Hierbei geht es uns in erster Linie um die Etablierung einer transparenten und dialogischen Kommunikationskultur nach innen sowie nach außen. Marketing-Aspekte unterliegen einer sekundären Betrachtung.

Kontinuität als Erfolgsfaktor

Derzeit ist die kontinuierliche Nachverfolgung gesellschaftlicher Verantwortung bei der Kreissparkasse Göppingen über unser Selbstverständnis, ein Top-Management-Commitment und die Sensibilisierung des Projektteams gegeben. Zur Festigung ist ein umfassendes Folgeprojekt geplant. Dieses wird formal ähnlich gestaltet sein wie das Initialprojekt. Neben der Suche und Entwicklung geeigneter Instrumente zur Verankerung gesellschaftlicher Verantwortung, der (Weiter-)Entwicklung und Dokumentation geeigneter Maßnahmen sowie dem Aufbau eines geeigneten Controllings zur Steuerung der Umsetzung unserer CSR-Aktivitäten wird es auch um die Realisierung der unter 3.5 dargestellten Ziele gehen. Des Weiteren befindet sich aktuell in Klärung, in welcher Art und Weise Verantwortungen zugewiesen werden können und müssen. Hierbei gilt es zu eruieren, ob zentrale und/oder dezentrale Strukturen für die Koordination unserer Aktivitäten im Bereich gesellschaftlicher Verantwortung angemessener sind und ob dem eine Abteilungs- oder Stabsstellenlösung zuträglicher ist. Zudem muss geklärt werden, welche personellen Maßnahmen zu ergreifen sind, d. h., welche Mitarbeiter für die Bearbeitung damit in Zusammenhang stehender Aufgaben welche Verantwortung zu tragen haben und wie bzw. in welchem Umfang intern/extern Rechenschaft abzulegen ist. Ein wichtiger Ansatzpunkt sind auch betriebliche Prozesse. Zunächst muss ermittelt werden, welches die „nachhaltigkeitsrelevanten“ Prozesse sind, sowie der Frage nachgegangen werden, inwieweit die bestehenden Prozesse angepasst werden können bzw. ob zur Zielerreichung eventuell neue Prozesse zu definieren sind.

Bereits beschlossen ist eine Verankerung unserer gesellschaftlichen Verantwortung in der Geschäftsstrategie für 2015. Zudem wird in absehbarer Zeit die Arbeit an Verhaltensgrundsätzen (Code of Conduct) aufgenommen, um eine möglichst breite Einbindung vieler Organisationsmitglieder zu erreichen. Des Weiteren soll das CSR- und Werteverständnis der Kreissparkasse Göppingen – auf Basis bereits formulierter Kernaussagen zur Wahrnehmung unserer gesellschaftlichen Verantwortung – in einem konsistenten Text („big picture“) kodifiziert und intern sowie extern kommuniziert werden. Als Grundlage hierzu dient uns ein bereits 2010 durchgeführtes Kulturscreening.

Bei der Wahrnehmung gesellschaftlicher Verantwortung ist Kontinuität aus unserer Sicht ein wesentlicher Erfolgsfaktor. Gelingt es nicht, Kontinuität sicherzustellen und CSR organisatorisch zu verankern, besteht die Gefahr, dass damit zusammenhängende Maßnahmen, Pläne und Aktivitäten in wirtschaftlichen Krisenzeiten vorschnell wegrationalisiert werden.

Realistische Ziele setzen – Unsere mittel- bis langfristige Planung

Unsere perspektivische Planung für die kommenden fünf Jahre in Sachen gesellschaftlicher Verantwortung sieht vor, eine gesamtorganisatorische Verankerung aller für uns relevanten und wesentlichen Themen und Empfehlungen der ISO 26000 anzustreben. Zudem soll eine aufbauorganisatorisch geregelte Verantwortung für die Planung, Umsetzung und Kontrolle aller Aktivitäten und Maßnahmen im Bereich gesellschaftlicher Verantwortung definiert werden. Allerdings verstehen wir CSR nicht als exklusive Tätigkeit eines einzelnen CSR- bzw. Nachhaltigkeitsmanagers, sondern als eine ständige Aufgabe aller Organisationsmitglieder. Es wird also ganz wesentlich darum gehen, ein bewusstes und aktives Wahrnehmen und Verstehen gesellschaftlicher Verantwortung aller Mitarbeiter zu etablieren. Im Zusammenhang mit der Zuschreibung personeller Verantwortlichkeiten sind Fachkompetenz sowie persönliche Fähigkeiten, Fertigkeiten und Integrität des Verantwortlichen von maßgeblicher Bedeutung. Letztendlich sollte das Ziel aller Bemühungen sein, eine integrierte, dialogische, systematisierte, organisierte, verständnisvolle und strukturierte Bearbeitung aller relevanten und wesentlichen Handlungsfelder innerhalb der gesamten Organisation sicherzustellen.

Unsere Gremien bieten einen optimalen Nährboden, um Fragen zur gesellschaftlichen Verantwortung der Kreissparkasse Göppingen regelmäßig zu thematisieren und zu diskutieren. Diese Chance wollen wir nutzen. Des Weiteren streben wir mittelfristig eine integrierte Nachhaltigkeitsberichterstattung an.

Das Fundament ist gelegt – Ein Rückblick auf die Zeit seit Projektbeginn

Seit Projektbeginn zu unserer „Nachhaltigkeit“ – der Titel wurde später auf Wunsch der Projektbeteiligten in „Gesellschaftliche Verantwortung“ umbenannt – erlebten wir viele Höhen und Tiefen. Interessante und spannende Momente gab es vor allem während diverser

Workshops. In der Zeit dazwischen hatten wir bei der Bewusstseinsarbeit und der operativen Umsetzung einiger Inhalte teilweise stark zu kämpfen.

Mit der Ausrichtung nach ISO 26000 gelang uns eine gute Strukturierung unserer CSR. Unsere zu Beginn verkürzte Betrachtungsweise gesellschaftlicher Verantwortung wurde durch die Auseinandersetzung mit der ISO 26000 maßgeblich erweitert. Darauf folgte zunächst eine Komplexitätszunahme. Der schiere Umfang der ISO 26000 drohte das Projekt „Nachhaltigkeit" zu erschlagen. Den Empfehlungen und der Systematik der ISO 26000 folgend, gelang es uns aber bereits nach einer relativ kurzen Konsolidierungsphase, die Komplexität auf ein zu bewältigendes Maß zu reduzieren. Jetzt geht es darum, ein maßgeschneidertes Konzept zur Wahrnehmung gesellschaftlicher Verantwortung zu entwerfen. Dieser Prozess ist nicht abgeschlossen und wird voraussichtlich noch einige Kapazitäten binden.

Die ISO 26000 hat bei der Kreissparkasse Göppingen eine dialogische Reflexion über Umfang, Grenzen und Inhalt der Wahrnehmung gesellschaftlicher Verantwortung ausgelöst. Erste positive Ergebnisse lieferte das Projektteam zur gesellschaftlichen Verantwortung. Getreu dem Motto: „Alleine geht man schneller. Gemeinsam kommt man weiter" möchten wir als Kreissparkasse Göppingen unseren zentralen Anspruchsgruppen in Zukunft vor allem konstruktives Miteinander anstatt Gegeneinander – Kooperation anstatt Konkurrenz, Dialog anstatt Monolog – anbieten. Dabei kommt es maßgeblich darauf an, alle Betroffenen für die relevanten Themenstellungen, Probleme, Erfordernisse und den Nutzen verantwortungsbewussten Verhaltens zu motivieren und Verständnis für deren ökonomische, soziale und ökologische (integrierte) Vorteilhaftigkeit zu schaffen. Zu diesem Zweck ist die Identifikation (Integrität) der Mitarbeiter mit der Unternehmensstrategie, den Unternehmenszielen und den zur Zielerreichung angewandten Mitteln ein wichtiger Erfolgsfaktor. Mit anderen Worten: Diese Identifikation ist die notwendige Bedingung für hinreichende Regelbefolgung (legal compliance). Das war schon immer der nachhaltigste Wettbewerbsvorteil der Kreissparkasse Göppingen.

Hinweise und praktische Tipps für Anwender

- **Klären Sie Ihr Verständnis zu gesellschaftlicher Verantwortung, CSR und Nachhaltigkeit:** Zu Beginn sollten sich alle beteiligten Mitarbeiter auf ein gemeinsames Verständnis von CSR, Nachhaltigkeit und gesellschaftlicher Verantwortung einigen!

- **Lassen bzw. nehmen Sie sich Zeit:** Halten Sie Kapazitäten vor und denken Sie immer daran: CSR macht man nicht mal eben so nebenbei!
- **Seien Sie konsequent bei der Umsetzung und geben Sie nicht auf:** Lassen Sie sich von Rückschlägen und der Komplexität der Themenstellungen nicht entmutigen!
- **Bleiben Sie gelassen:** Lassen Sie sich von kleinen Erfolgen nicht vorschnell beeindrucken oder gar dazu verleiten, sich darauf auszuruhen!
- **Verfallen Sie nicht in Aktionismus:** Der innere Antrieb sollte stets vor externem Druck stehen. Behalten Sie das Wesentliche im Auge und tun Sie nur das, was Sie auch persönlich vertreten können!

Erfahrungsbericht OÖ. Ferngas Netz GmbH 5.8

Petra Langbauer

Unternehmen: OÖ. Ferngas Netz GmbH

Standort: Linz, Österreich

Anzahl der Mitarbeiter: 167

Branche: Energieversorgungsunternehmen

Kerngeschäft: Die OÖ. Ferngas Netz GmbH – zu 100 % eine Tochtergesellschaft der OÖ. Ferngas AG – betreibt in Oberösterreich ein Leitungsnetz von 5 288 km Länge. Jährlich werden in diesem mehr als 2,09 Mrd. m^3 Erdgas für Kunden transportiert. Der reibungslose Betrieb, die optimale Wartung und der bedarfsgerechte, an den Kundenwünschen orientierte Ausbau dieses Erdgas-Leitungsnetzes liegen in den Händen der OÖ. Ferngas Netz GmbH.

CSR-Verantwortliche/r: Mag. Petra Langbauer,
Assistenz der Geschäftsführung

Gesellschaftliche Verantwortung bedeutet für uns:
Die OÖ. Ferngas Netz GmbH ist ein regionales Unternehmen und seit über 50 Jahren darum bemüht, eine optimale und sichere Erdgas-Infrastruktur zu gewährleisten. Damit leisten wir unseren Beitrag, die Attraktivität des Wirtschaftsstandortes Oberösterreich und die hohe Lebensqualität in den Gemeinden weiterhin zu sichern und zu stärken. Aber als regionales Traditionsunternehmen darf man vor allem die Verantwortung gegenüber der Gesellschaft, der Region, der Umwelt und den Mitarbeitern nicht vergessen. Wir versuchen, dies bei unserem täglichen Handeln stets zu berücksichtigen.

Einleitung

Im Jänner 2011, als die OÖ. Ferngas Netz GmbH begann, sich mit ISO 26000 auseinanderzusetzen, war die Leitlinie „ISO 26000 Guidance on Social Responsibility“ gerade ratifiziert und druckfrisch ins Deutsche übersetzt. Einige Erläuterungen/Kommentare über den langen Weg der Entstehung und die Intention waren zwar veröffentlicht, lediglich das Buch „ISO 26000 in der Praxis“ (Bay 2010) konnte als „Ratgeber“ zum Leitfaden für soziale Verantwortung und Nachhaltigkeit ergänzend herangezogen werden. Anwenderhinweise, Seminare oder Lehrgänge zur praktischen Umsetzung wurden zu diesem Zeitpunkt erst geschrieben oder konzipiert. In Ermangelung derartiger Hilfen gibt es im nachstehenden Beitrag daher auch keine Literaturverweise.

Im Laufe des Projekts entstand dann die ON Regel ONR 192500, jene Norm, die die ISO 26000 als österreichische Norm ausgestaltet und den Leitfaden damit als „Managementsystem" zertifizierbar macht. Die Möglichkeit zur Zertifizierung ergab sich daher erst im Sommer 2011. Da das Projekt aber als „ISO 26000 – Implementierung eines CSR Managementsystems in der OÖFN" gestartet wurde, beziehen sich die folgenden Ausführungen somit auch ausschließlich auf die ISO 26000. Aufgrund der Komplexität und Vielschichtigkeit des Themas kann im nachstehenden Beitrag nur auf einige Highlights eingegangen werden. Tipps für einen erfolgreichen Projektverlauf wurden zusammengefasst und mögliche Stolpersteine nicht verschwiegen. Aber letztlich muss jedes Unternehmen, jede Organisation den eigenen Weg, die eigenen Antworten für die Umsetzung gesellschaftlicher Verantwortung finden.

Wie alles begann

Im Dezember 2010 wurde im Rahmen einer Managementweiterbildung zum Thema Corporate Social Responsibility in St. Gallen die ISO 26000 vorgestellt.

Für die OÖ. Ferngas Netz GmbH war und ist gesellschaftlich verantwortliches Handeln gegenüber der Region, der Umwelt, der Gesellschaft und den Mitarbeitern nicht nur eine kurzfristige Modeerscheinung, sondern seit langem gelebte Praxis und ein wichtiger Baustein der Unternehmensführung geworden. Wirtschaftliche, ökologische und soziale Werte fließen in die alltäglichen Entscheidungen im Rahmen der Geschäftstätigkeit ein. So veröffentlicht die Oberösterreichische Ferngas Aktiengesellschaft, die 100 %ige Muttergesellschaft der OÖ. Ferngas Netz GmbH, beispielsweise bereits seit 2003 freiwillig einen Nachhaltigkeitsbericht, zu dem auch die OÖ. Ferngas Netz GmbH inhaltlich beiträgt und in dem die entsprechenden Maßnahmen dokumentiert sind. Die Auseinandersetzung mit der ISO 26000 war daher für die Geschäftsführung der OÖ. Ferngas Netz GmbH nur noch eine logische Konsequenz.

Die Vorbereitungsphase

Vorab galt es zu klären, wo ein derartiges Projekt angesiedelt werden kann und wer die Aufgabe der Projektleitung übernehmen sollte. Bewusst hat man sich dafür entschieden, das Projekt direkt unterhalb der Geschäftsführung als Stabsstelle zu installieren, um möglichen Bedenken eines „green washings" – beispielsweise bei Ansiedlung im Bereich Kommunikation bzw. Marketing – entgegenzuwirken. Gleichzeitig wurde damit auch die strategische Bedeutung des Projekts, getragen von der obersten Leitung, signalisiert.

Das Projektteam

Mit der Projektleitung für die „Implementierung der ISO 26000 bei der OÖ. Ferngas Netz" wurde ich als Assistentin der Geschäftsführung betraut. Die externe Begleitung übernahm ein CSR-Experte, der bei der Entwicklung der ISO 26000 für Österreich mitgewirkt hatte. Bei der Zusammensetzung des Projektteams war es uns besonders wichtig, dass neben Führungskräften auch je ein Mitarbeiter der einzelnen Abteilungen vertreten ist. Die Auswahl dieser Personen erfolgte neben fachspezifischen Kenntnissen insbesondere nach Affinität zum Thema CSR.

Wenngleich das Kerngeschäft der OÖ. Ferngas Netz GmbH sehr technisch und dementsprechend der Frauenanteil mit ca. 25 % eher gering ist, wurden gezielt Frauen angesprochen und ins Team geholt. Zu unterschiedlichen Themen wurden darüber hinaus Spezialisten konsultiert. Durch diese „bunte" Mischung waren alle Unternehmensbereiche abgedeckt. Es ergab sich damit automatisch ein reger Informations- und Meinungsaustausch innerhalb und zwischen den Abteilungen, der mitentscheidend für den Erfolg und die Akzeptanz des Projekts war. Natürlich gab es – wie bei fast jedem neuen Projekt – Vorbehalte und kritische Stimmen der Belegschaft. Die Bedenken waren zurückzuführen auf den komplexen und schwer vorstellbaren CSR-Begriff. Durch die Zusammensetzung des Projektteams und die Kommunikation wurde versucht, CSR begreifbarer und verständlicher zu machen. Dabei haben wir bei den für die Mitarbeiter bereits bekannten, aber noch nicht unter CSR subsumierten Aktivitäten angesetzt und uns sukzessiv mit den erarbeiteten Themen an ein gemeinsames CSR-Verständnis herangetastet. Diese „Aufklärungsarbeit" bis hin zum letzten Mitarbeiter erfordert einen langen Atem und dauert noch heute an. Die Vorbehalte seitens der Führungskräfte wurden mit der Befürchtung hinsichtlich der zeitlichen Bindung der Mitarbeiterressourcen begründet. Um die Zeitkapazitäten der Projektmitarbeiter nicht zu sehr zu beanspruchen, übernahm die Projektleitung die Aufgabe, die einzelnen Arbeitsbereiche umfassend aufzubereiten und zur Abklärung Vorgespräche in Kleingruppen zu führen. Die so aufbereiteten Unterlagen wurden in den Projektbesprechungen diskutiert, adaptiert, kritische Punkte durchleuchtet und die weiteren Schritte festgelegt.

Zielsetzung

Die Vorbereitungsphase, die knapp 4 Wochen andauerte, diente der Erhebung der eigenen CSR-Aktivitäten auf der Grundlage des ISO-Anforderungskataloges, den Prinzipien, Kernthemen und Handlungsfeldern. Die Zielsetzung war zu überprüfen, ob das bisherige CSR-Verständnis alle Bereiche eines umfassenden CSR-Engagements abdeckt, die Aktivitäten kritisch zu hinterfragen und mögliche, noch nicht berücksichtigte Felder aufzudecken, um diese dann entsprechend aufzunehmen und anzupassen. Nach einem Kick-off-Meeting und der Information des Projektteams über die grundlegenden Themen der ISO wurden in zwei Tagen Führungskräfte und je ein Mitarbeiter der Abteilung dazu befragt.

Analyse

Die IST-Analyse – in Form eines Quickchecks – erfolgte mit einem Tool des externen Beraters. Die Auswertung der Ergebnisse des Quickchecks wurde von diesem anschließend präsentiert. Es zeigte sich hierbei ein für die OÖ. Ferngas Netz GmbH erfreuliches Bild: Die meisten Inhalte der ISO 26000 waren in unterschiedlichen Ausprägungen im Unternehmen schon vorhanden. Aber auch Schwächen waren klar zu erkennen, wie z. B. die gelebten, aber nicht niedergeschriebenen Unternehmenswerte, Vision und Mission oder ein fehlender, strukturierter Stakeholderdialog. Es gab unzählige punktuelle Maßnahmen und Initiativen, eine durchgängige CSR-Strategie war jedoch nicht erkennbar.

Die Umsetzungsphase

Der Quickcheck zeigte allgemein auf, bei welchen Kernthemen wir gut aufgestellt sind und wo grundsätzlich Handlungsbedarf besteht. Eine tiefgreifende, unternehmensspezifische Analyse konnte damit jedoch nicht ersetzt werden. Diese erfolgte dann unmittelbar im Anschluss daran.

Strukturierung mittels Matrix

Für die Projektleitung begann nun die intensivste und schwierigste Aufgabe, die 7 Kernthemen und damit verbundenen Handlungsfelder mit der Unternehmenstätigkeit bzw. den Aktivitäten zu verknüpfen und zu strukturieren. Weder aus der Norm, noch in der damals vorhandenen Literatur gab es neben allgemeinen Ausführungen praktische Anleitungen oder Vorlagen zur Systematisierung (z. B. Road Maps). Mit Hilfe einer „selbstgestrickten" Matrix wurden zunächst die Kernbereiche und Handlungsfelder den jeweiligen Abteilungen zugeordnet (Zuständigkeitsmatrix). Es gab dabei natürlich immer wieder abteilungsübergreifende Themen, die nicht ausschließlich einer Abteilung zugeordnet werden konnten. Mit dem Projektteam gemeinsam wurde je Kernthema ein Hauptverantwortlicher bestimmt. Wie sich herausstellte, war diese Zuordnung dann auch bei der Auditierung sehr hilfreich.

Wesentlichkeit und Relevanz

Zur Priorisierung der sieben Dimensionen wurde ein Workshop mit dem Projektteam abgehalten, um einen Überblick zu erhalten, wo die Ansatzpunkte für uns liegen und welche Kernthemen oberste Priorität haben. Zwar hängen alle Kernthemen inhaltlich miteinander zusammen, dem Thema „Organisationsführung" kommt aber höchste Priorität zu, da nur eine wirkungsvolle Führung und Steuerung die Umsetzung zu den Kernthemen und Grundsätzen ermöglicht. Die Themen und Handlungsfelder der Organisationsführung waren für uns so selbstverständlich, weil sie gelebte Praxis waren, sodass wir diese sehr schnell bearbeiten konnten. Jedoch wurde gerade hier der größte Handlungsbedarf geortet, da die gelebte Praxis (inklusive Prozessen) auch niedergeschrieben werden musste. Weitere Priorität hatten die Themen „Umwelt", aufgrund unseres Unternehmensgegenstandes und den damit allenfalls verbundenen Eingriffen in die Natur, „Faire Betriebs- und Geschäftspraktiken" und „Konsumentenanliegen". Der Versuch, sich nur auf die vorerwähnten, priorisierten Kernthemen zur stürzen, hätte eine positive Auditierung verhindert. Glücklicherweise wurden wir durch unseren Berater hierauf rechtzeitig aufmerksam gemacht. Das bedeutete allerdings, dass alle anderen Bereiche nicht „links liegen gelassen" werden konnten, sondern je nach Relevanz des Kernthemas für unser Unternehmen alle Handlungsfelder mehr oder weniger intensiv bearbeitet werden mussten. Dabei kam es natürlich vor, dass es Handlungsfelder gab, die für uns weder relevant noch wesentlich waren.

Zur Detaillierung und Strukturierung der Matrix galt es daher, in einem weiteren Schritt jedes Kernthema mit den jeweiligen Handlungsfeldern gemäß ISO 26000 um unsere Actions (Maßnahmen, Aktivitäten, Initiativen), den identifizierten Prozessabläufen und Strukturen sowie den internen Referenzen (wo, wie vorhanden und dokumentiert) zu ergänzen (siehe Abb. 9).

Bisher noch unerwähnt, aber ebenso mitberücksichtigt und in unterschiedlicher Intensität ebenfalls entsprechend aufgearbeitet wurden dabei die sieben Prinzipien gesellschaftlicher Unternehmensverantwortung: Rechenschaftspflicht, Transparenz, ethisches Verhalten, Achtung der Stakeholderinteressen, der Rechtsstaatlichkeit, internationaler Verhaltensstandards und der Menschenrechte. Leider kann auf den in mehreren Workshops erarbeiteten Stakeholderdialog nicht näher eingegangen werden. Zu Beginn des Projekts hatten wir unsere Stakeholder zwar schon mit berücksichtigt, ihre Bedeutung und Tragweite wurde uns jedoch immer bewusster, je weiter wir uns in die Materie vertieften.

Thema	Action	Umsetzung	Referenzen	?	Wer
Auswirkungen auf die Entwicklungen	~~Management der Ressourcenverwendung~~	~~n.a.~~			
	Achtung der Eigentumsrechte	entsprechend ANB ; z.B. Zutrittsrechte...	ANB, GWG VERWEIS Umwelt		Pri, Pet
		Maßnahmen bei Wiederherstellung des ursprünglichen Zustands und Rekultivierung	VERWEIS Umwelt	genau geregelt? Vorgaben? ABER: zusätzliches Engagement OÖFNG	LH
Gesundheit und Sicherheit von Gemeinschaften	gesundheitliche Auswirkungen von Produkten	Gas ist ein sicheres und zuverlässiges Produkt. Bei Gasgeruch/-austritt: genauer Handlungsablauf	24 h Hotline; Gasnotruf, Sicherheitstipps Homepage; Notrufkleber für alle Kunden; Anweisung Grabungsarbeiten im Bereich Gasleitungen; Fotos, Odorkarten, was ist Erdgas inkl.	Ablauf; Anweisungen, Richtlinien in Kopie; austeilen z.B. Odorkarten	Pü, LS
	Gesundheit und Sicherheit	Schulungen mit Rotes Kreuz und Feuerwehr	Leitfaden für Einsatzkräfte	Ablauf; Anweisungen, Richtlinien	Pü
		Sicherheitspraktiken	tägl. Messwartprotokoll, BD-Aufzeichnungen etc.		Pü
	Notfallvorsorge und Gefahrenabwehr	Notfall- und Krisenmanagement	Fotos Krisenübungen (Puchkirchen etc.), Krisenmanual, Endberichte etc.	Dokumentation, Ablauf, Handbuch, ev. Film Krisenübung	Pü
	Fö der Gesundheit der Gemeinschaft (Vermeidung gesundheitlicher Risiken)	Odorkarten auf Anfrage verschickt	wie bereits mehrmals erwähnt...		SM
		Aufklärung und Information	siehe oben: 24 h Hotline etc.		Pü
	Fö des Wohlergehens der Gemeinschaft		CNG, weniger Feinstaub, Lebensqualität etc. VERWEIS Umwelt		
	Gefahrenanalyse	?	VERWEIS RR	Umfang?	
	Sicherheitsprogramme	?		Wo?	Pü
	Schulung des Sicherheitspersonals	Schulungen mit Rotes Kreuz und Feuerwehr			Pü
		interne MA Schulungen			Pü
	identifizieren, Erhaltung, Fö und Schutz des kulturellen Erbes Ressource	Leitungsverlegung (Unterflussbohrung) Eliabethbrücke in Bad Ischl; Denkmalschutz Schärding - keine außenliegenden Anschlüsse; Gmunden/Wolfgang/Ischl, weltkulturerbe etc.	Presseaussendungen?, Projektinfos		Pet
		Barbarakapelle; Marterl Eberstalzell; Unterstützungen: Florianer Sängerknaben, Brucknertage, CD-Produktionen, Landesgartenschauen etc.	Fotos!!!		Pet
	traditionelles Wissen		Chronik 50 Jahr Jubiläum	austeilen	Puk

Abbildung 9: Actionmatrix, Auszug (eigene Darstellung)

Es entstand ein umfassendes Dokument, das

- die eignen CSR-Aktivitäten strukturiert abbildete
- die Stärken und Schwächen (weiße Felder) sichtbar machte
- Maßnahmen zur Verbesserung definierte
- die Basis für die nachfolgende Umsetzung und die Implementierung bildete.

Mit dieser tabellarischen Visualisierung konnte somit auch der Projektstatus jederzeit abgefragt werden.

Implementierungsplanung

Nach der aufwändigen, aber sehr wichtigen Analysephase folgte die Implementierungsplanung. Je Handlungsfeld lagen eine oder mehrere Maßnahmen vor. Mögliche, angedachte Maßnahmen waren hinsichtlich des Wirkungsgrades und des Einflusses auf die Gesellschaft und den Umsetzungsaufwand abzuschätzen. Verschiedene Arbeitspakete wurden niedergeschrieben und in kurz-, mittel- oder langfristige Umsetzbarkeit eingeteilt. Ein „Quick-win" war beispielsweise die Kooperation mit einem Biobauern für eine einmal wöchentliche Biojause. Die Auseinandersetzung mit den Unternehmenswerten oder der Aufbau eines strukturierten Stakeholderdialoges werden uns noch lange beschäftigen (und sind wahrscheinlich nie abgeschlossen). Auch die Erhöhung des Frauenanteils in Führungspositionen kann nur langfristig gesehen werden. Unsere Angst, nicht alle erkannten Themen bis zur Zertifizierung umsetzen zu können, war unbegründet. Für die Zertifizierung war es ausreichend, wenn gewisse Themen als relevant und wesentlich erkannt wurden und Maßnahmen definiert wurden, die dann mit unterschiedlicher Intensität bearbeitet wurden. Die Umsetzung, hinterlegt mit einem genauen Zeitplan, ist dann auch Gegenstand der jährlichen Überwachungsaudits.

Problematik Legal Compliance

Der Großteil der Empfehlungen der Norm ist in Österreich bereits durch gesetzliche Vorgaben erfüllt, wie beispielsweise im Bereich Arbeitnehmerschutz oder den weitreichenden Vorschriften zum Schutz der Umwelt. Erschwerend kam dazu, dass die OÖ. Ferngas Netz GmbH als Netzbetreiber in einem streng reglementierten Bereich agiert. Doch in Teilen geht die ISO 26000 auch darüber hinaus. Es bedurfte daher weiterer Anstrengungen, die über die Legal Compliance hinausgehenden Aktivitäten zu identifizieren. Als Maßnahme im Umweltschutz kann beispielsweise der Einsatz einer ökologischen Bauaufsicht im Rahmen der Rekultivierung bei großen Leitungsbauten hervorgehoben werden. Sehr positiv wurden dabei – auch im Rahmen des Audits – u. a. die zahlreichen Angebote für Mitarbeiter, insbesondere jene mit starker präventiver Ausprägung (z. B. Vorträge zur Stress- und Burnout-Prophylaxe, Wirbelsäulengymnastik, Rückenmassagen und Ernährungsberatungen), hervorgehoben. Auch das freiwillige Engagement der Mitarbeiter wie „Alten Menschen Zeit schenken" oder die Teilnahme am jährlich stattfindenden „Marktplatz Lebensnetze" (siehe www.InstitutLebensnetze.at) wurden als einzigartig bezeichnet, da sie nicht nur einmalige Aktionen, sondern nachhaltig angelegtes „CSR-Engagement" sind. Das Projekt „Netz 2020" wiederum ist ein Musterbeispiel für die aktive Einbindung der Mitarbeiter zur Gestaltung der Zukunft des Unternehmens. Junge Kollegen/innen (max. 35 Jahre, 5 Jahre Unternehmenszugehörigkeit) haben sich mit aktuellen und möglichen Realitäten auseinandergesetzt und Zukunfts-/Zielbilder sowie Maßnahmenvorschläge entwickelt. Zwölf dieser „Bilder" sind unmittelbar in die Strategie bzw. Jahresplanung eingeflossen.

Das Audit

Im Sommer 2011, das Projekt war schon weit fortgeschritten, wurden wir von unserem Berater informiert, dass im Herbst die ONR 192500 erlassen wird und damit die Möglichkeit besteht, die Implementierung des CSR-Managementsystem auch zertifizieren zu lassen, um so vielleicht das erste „CSR-zertifizierte Unternehmen" in Österreich zu werden. Wohl wissend, dass nach der Grundidee der ISO 26000 diese nie für Zertifizierungszwecke vorgesehen war, haben wir die Thematik diskutiert. Zugegeben, die Tatsache, „first mover" in Österreich zu sein, hatte einen gewissen Charme. Wir waren schon so weit „gegangen", sodass wir uns diesen Schritt nun auch zutrauten. Gemeinsam wurde mit der Geschäftsführung die entsprechende Entscheidung getroffen. Wir sahen darin auch die Chance, durch eine externe Bestätigung unsere Glaubwürdigkeit in Zusammenhang mit gesellschaftlicher Verantwortung wesentlich verbessern zu können. Dem Engagement unseres Beraters war es zu verdanken, dass in relativ kurzer Zeit ein geeigneter Auditor gefunden werden konnte. Das Thema CSR und der damit verbundene Zertifizierungsprozess waren nicht nur für uns Neuland. Es wurde daher mit dem Auditor ein Voraudit vereinbart. Die bereits erwähnte Matrix schien uns dazu nicht geeignet zu sein: zu stichwortartig, zu tabellarisch. Aber die Matrix war die perfekte Basis, um strukturiert in einzelnen Präsentationen unser Verständnis je Kernthema dem Auditor erläutern zu können. In dieser Phase wurde uns noch viel klarer und bewusster, wie die verschiedenen Kernthemen wechselseitig voneinander abhängen und sich gegenseitig beeinflussen. Im Voraudit wurden stichprobenartig neben den Kernthemen und Handlungsfeldern insbesondere die Einhaltung der Prinzipien, aber auch Prozesse und die Dokumentation abgefragt. Nach einer positiven Beurteilung im Voraudit mit geringfügigem Handlungsbedarf bei Prozessen und Dokumenten fand im September 2011 das eigentliche Audit statt.

Der Auditor bescheinigte dem Unternehmen die Erfüllung der Anforderungen der ONR 192500 „auf sehr hohem Niveau", was sich in vielen Beispielen sowohl innerhalb als auch außerhalb des Unternehmens zeige. Hervorgehoben wurden die Aktivitäten im Umgang mit den Kunden, insbesondere die aktive und transparente Kundeninformation, die Wahrnehmung von Verantwortung im Bereich Umwelt und die intensive Auseinandersetzung mit den Stakeholdern wie Grundeigentümern, Anrainern und Gemeinden sowie unsere Nachhaltigkeitsberichte (seit 7 Jahren) und der Arbeits- und Gesundheitsschutz für die Mitarbeiter.

Der Auditbericht enthielt neben Feststellungen natürlich auch einige Verbesserungsvorschläge, wie beispielsweise die systematische Erfassung und Auswertung von „Beinnaheunfällen" im Kernthema „Arbeitspraktiken". Betreffend Ideenmanagement sollten die vorhandenen Aktivitäten intensiviert werden, der Anteil der Frauen (insbesondere in Führungspositionen) sukzessiv erhöht und alle Mitarbeiter aktiv in das Thema CSR mit einbezogen werden. Bewusst sollten wir uns auch mit unserem Einflussbereich entlang unserer Wertschöpfungskette auseinandersetzen (ein Thema, das bisher gänzlich unbeachtet war).

Projektende und dann?

Der Auditbericht hat uns bescheinigt, mit unserem bisherigen Verständnis von CSR, unserem Engagement und Aktivitäten auf dem richtigen Weg zu sein, und beflügelt, schrittweise noch besser werden zu können. Das erfolgreiche Audit und die Zertifizierung sind zwar das „offizielle" Ende des Projekts gewesen, aber zugleich auch der Start für die nächste Phase, die weitere Umsetzung. Aus diesem Grund wurde das „ISO-Projektteam" nicht aufgelöst, sondern fix als CSR-Team verankert. Die Intensität und Dauer der Besprechungen ist natürlich deutlich zurückgegangen. Aus diesem Team heraus finden nun weitere Workshops zur Aufbereitung und Ausarbeitung wesentlicher Themen, wie beispielsweise die Konkretisierung des Stakeholderdialoges und die Weiterverfolgung der Wertediskussion, statt.

Wertekodex

Der im Audit vorgestellte Prozess wird realisiert.

- Abschluss der Information und Diskussion der Werte mit den Mitarbeitern
- Auswertung der MA-Befragung
- Erarbeitung einer Maßnahmenliste
- Einbeziehung der Werte in MA-Befragung
- Kommunikation der Werte intern und extern

Verantwortlich: Führungskräfte; ISO-Projektteam; Kommunikation

Umsetzung: laufend

Termin:

1) 1.12.2011 Jahresabschlussfeier 2011: Vorstellung der Werte 1–5 durch GF
2) Wertediskussion in den Abteilungsbesprechungen und Bewerten lt. Fragebogen (Dez., Jänner, Feb.)
3) Auswertung der Ergebnisse (Juni/Juli 2012)
4) Präsentation der Auswertung im FK-Kreis
5) Erarbeiten von Maßnahmen zur Umsetzung/Verbesserung
6) Kommunikation und Berücksichtigung Jahresplanung 2012/2013

Abbildung 10: Reportingbeispiel; Ampel steht auf Gelb (eigene Darstellung)

Reporting-System

Zum Monitoring der vorerwähnten Verbesserungsvorschläge und der von uns bereits identifizierten, aber noch umzusetzenden Maßnahmen haben wir ein Reporting-System aufgebaut (vgl. Abb. 10). Dieses System hält je Bereich die zu bearbeitenden Themen, den/die Verantwortlichen und einen genauen Zeitplan fest. Halbjährlich wird der Status erhoben und die Bewertung der Zielerreichung vorgenommen. Zur Visualisierung haben wir auf das bewährte Ampelsystem (rot-gelb-grün) zurückgegriffen. Anhand dessen und mithilfe der jährlichen Überwachungsaudits ist die Umsetzung der Maßnahmen sichergestellt.

Auswirkungen	Aktivitäten	Zahlen 09/10
niedrige Krankenstandstage	**Gesundheitsinitiativen** der letzten Jahre:täglicher Obstkorb, Tag der Gesundheit mit Stoffwechselscreening, Vitalblutuntersuchungen, Betriebsarzt, Vorsorgeuntersuchungen, Mitarbeiter für Mitarbeiter: Wirbelsäulengym, Entspannungstechniken; **BGF Projekt 2011**; **Unternehmenskultur**	8,5 Tage
sinkende Raucheranzahl	Nichtraucherseminar	18%
niedrige Fluktuation (Loyalität, Identifikation mit Unternehmen)	gelebte **Unternehmenskultur (**Werte); **Kommunikation** und Transparenz, **Weiterbildung**smöglichkeiten	1,80%
motivierte, engagierte MA	lfd. **MA-Befragungen**, jährliche **MA-Gespräche**	Quote 90%
hoher Ausbildungsgrad der Mitarbeiter sichert Qualität	hoher Stellenwert von Weiterbildung/Seminare/Lehrgänge, auch "Persönlichkeitsseminare"	.... €/MA
Effizienz und Produktivitätssteigerung	interner Wissenstransfer MA->MA	
niedriges Konfliktpotential	**U-Kultur, Werte, Kommunikation** intern/extern	keine Streitfälle weder intern/extern
Wertschöpfungskette	**künftige** Auswahl der Lieferanten, OOFNG als "bevorzugter" Kunde	noch keine Daten

Abbildung 11: Schlüsselkennzahlen (eigene Darstellung)

Schlüsselkennzahlen

Es war keine Intention des Projektteams, CSR und Zahlen zu verknüpfen. Dass die intensive Auseinandersetzung mit unseren Stakeholdern nicht nur graue Theorie ist, sondern auch tatsächlich praktiziert wird und Einfluss auf unsere Tätigkeit hat, kann aber durch unsere Kennzahlenermittlung gezeigt werden. Der Eigentümer hat den Wunsch formuliert, die Entwicklungen und den Erfolg verschiedener Maßnahmen „bestimmbar“, messbar zu machen. Wir haben uns der Herausforderung gestellt und Kennzahlen definiert (vgl. Abb. 11).

Fazit

In der ISO 26000 sahen wir die Chance, unsere gesellschaftliche Verantwortung kritisch zu hinterfragen, alle Bereiche zu filtern, auf die wir einen Einfluss haben, und einem internationalen Standard anzupassen. Die Verankerung war ein interessanter und zeitaufwändiger, aber lohnender Prozess. Es wurden Sichtweisen eröffnet, die uns verschlossen geblieben wären, neue Projekte und Initiativen haben sich ergeben, die ohne diese Auseinandersetzung vielleicht nie entstanden wären. Erwähnenswert sind hier insbesondere das große, mehrjährige Projekt „Vereinbarkeit Beruf und Familie" oder zahlreiche Teilprojekte wie beispielsweise zur Verbesserung des Fehlermanagements bzw. eine „neue" Fehlerkultur.

Was hat es uns gebracht (Vorteile):

- Dokumentation und Strukturierung der CSR-Aktivitäten (ein Hauptziel) samt CSR-Reporting-System
- Überprüfung und Aktualisierung interner Richtlinien
- „WIR-Gefühl" der Mitarbeiter (Identifikation zum Unternehmen) wurde gesteigert
- Bewusstseinsbildung und Sensibilisierung der Mitarbeiter für das CSR-Thema
- Neue Projekte und Initiativen
- Stärkung von Image und Reputation

Die Bedenken und Berührungsängste vieler Unternehmen und Organisationen, mit der ISO 26000 ein neues, zusätzliches „Managementsystem" einzuführen, sind unbegründet. Tatsächlich wird man bei intensiverer Auseinandersetzung mit der ISO 26000 feststellen, dass es viele inhaltliche Überschneidungen zu bestehenden Managementsystemen betreffend Qualität, Umwelt, Arbeitssicherheit, Gesundheitsschutz oder Corporate Governance gibt. Diese bestehenden Systeme können mit der ISO 26000 – bildlich gesehen als „Dach" – in ihren Wechselwirkungen erfasst und zusammengeführt werden. Mit dem gemeinsam erarbeiteten und niedergeschriebenen Leitbild, der Vision und Mission, unseren Werten und Zielen, der Nachhaltigkeitsstrategie – um nur einige wesentliche Themen zu nennen – ist es gelungen, dass sich CSR wie ein roter Faden durch sämtliche Unternehmensbereiche zieht. Die Schwierigkeit und damit Herausforderung für die Zukunft ist es, neben den alltäglichen Themen, den sich ändernden Rahmenbedingungen, sei es durch Gesetze oder wie in unserem Fall z. B. durch Änderung der Eigentümerstruktur, die CSR-Idee lebendig zu halten und stetig weiterzuentwickeln.

Es ist ein Sprung ins kalte Wasser, aber „JUST DO IT!"

Hinweise und praktische Tipps für Anwender

- Das Team ist sorgfältig auszuwählen.
- Den Mitarbeitern kommt eine zentrale Rolle zu, sowohl als Nutznießer des CSR-Engagements, aber auch als Akteure sämtlicher Maßnahmen der gesellschaftlichen Verantwortung.
- Eine fortwährende Kommunikation mit allen Anspruchsgruppen ist zentraler Bestandteil, auch über das Projekt hinaus.
- Die Umsetzung ist ein laufender und langfristiger Prozess. Es ist daher wichtig, realistische Etappenziele festzulegen und diese sukzessiv weiterzuentwickeln, zu optimieren bzw. anzupassen.

Zertifizierung gesellschaftlicher Verantwortung: Ein Erfahrungsbericht zur Anwendung der ONR 192500 aus Sicht der Auditoren 6

Wolfgang Brandl und Christian Katholnigg

Einleitung 6.1

Mit der ISO 26000 wurde ein Leitfaden geschaffen, der eine „Orientierung zu den elementaren Grundsätzen gesellschaftlicher Verantwortung, zur Anerkennung gesellschaftlicher Verantwortung und zur Einbindung von Anspruchsgruppen sowie zu Kernthemen und Handlungsfeldern gesellschaftlicher Verantwortung" (ONR ISO 26000:2011, S. 5) gibt. Zudem enthält dieser Leitfaden „Hinweise, wie gesellschaftlich verantwortliches Verhalten in die Organisation [...] integriert werden kann" (ONR ISO 26000:2011, S. 5). Die ISO 26000 weist an mehreren Stellen ausdrücklich darauf hin, dass sie in der vorliegenden Form als Leitfaden und nicht als Grundlage für eine Zertifizierung von Organisationen vorgesehen oder geeignet ist.

Dass viele Organisationen sich dennoch eine zertifizierbare CSR-Norm wünschten, zeigte sich bereits kurz nach der Veröffentlichung der ISO 26000. Die Nachfrage von Organisationen war groß und führte u. a. auch zu einigen Fehlinterpretationen in der Anwendung der Norm[22].

Aufgrund dessen wurden in einigen europäischen Ländern durch die nationalen Standardisierungsorganisationen Standards basierend auf der ISO 26000 entwickelt, deren Einhaltung und Umsetzung in der Organisation entweder im Rahmen einer Selbstdeklaration und/oder durch Zertifizierung durch eine externe Zertifizierungsstelle bestätigt werden kann.

Zu diesen Standards zählen unter anderem:

Dänemark:

DS 49001, Social responsibility management system – Requirements

DS-Guide 49004, Guidance on social responsibility

---

[22] So kam es in einigen Fällen zur Verleihung einer Urkunde über die „Zertifizierung nach ISO 26000".

Niederlande:

NPR 9026:2011, Guidance on Self-Declaration NEN-ISO 26000

Portugal:

NP 4469, Social responsibility management system – Part I: Requirements and guidelines for its usage

Spanien:

RS 10, Social responsibility management system – Requirements

Frankreich:

XP X30-029, Responsabilité sociétale – Déterminer la priorité des domaines d'action de l'ISO 26000

Österreich:

ON-Regel 192500, Gesellschaftliche Verantwortung von Organisationen (CSR)

Darüber hinaus werden derzeit in Tschechien und in der Türkei nationale Normen bzw. Leitfäden zum Thema Anforderungen an ein CSR-Managementsystem erarbeitet.

Zu den ersten Organisationen, die ein CSR-Managementsystem nach der ON-Regel 192500 eingeführt haben, zählen in Deutschland die HARTING-Technologiegruppe (vgl. Artikelbeitrag der HARTING KgaA) sowie als erstes österreichisches Unternehmen die Oberösterreichische Ferngas AG (vgl. Kapitel 5.8). In der Zwischenzeit haben weitere Unternehmen und Organisationen gerade in Österreich diese Norm in ihrem Unternehmen implementiert und auch durch Externe zertifizieren lassen. Im Frühjahr 2013 wurde durch das österreichische Lebensministerium (Umweltministerium) ein Projekt initiiert, in dem 10 ausgewählte Unternehmen mit Hilfe von CSR-Beratern die ONR 192500 einführen, umsetzen und zertifizieren lassen konnten.

Wie diese ersten Zertifizierungen aus Sicht der daran beteiligten Auditoren zu betrachten sind, beschreibt dieser Artikel.

6.2 Die ONR 192500 im Detail

Die ONR 192500 orientiert sich an der ISO 26000 „Leitfaden zur gesellschaftlichen Verantwortung", der ÖNORM S2502 „Beratungsdienstleistungen zur gesellschaftlichen Verantwortung von Organisationen" und am Draft ISO Guide 83 („High level structure and identical text for management system standards and common core management system terms and definitions"), um eine Kompatibilität zu anderen Managementsystemen sicherstellen zu können.

Sie basiert im Wesentlichen auf zwei ineinandergreifenden Teilen, einem Managementsystemansatz und einem normativen Anhang, der die Erwartungen an und Handlungsempfehlungen zu den Kernthemen gesellschaftlicher Verantwortung nach ISO 26000 beschreibt. Die ON-Regel soll dazu beitragen, „dass sich Organisationen systematisch mit den Prozessen und den Anforderungen gesellschaftlicher Verantwortung auseinandersetzen und diese institutionalisieren“ (vgl. ONR 192500:2011, S. 5).

Der Nachweis über die Einhaltung dieses Standards kann auf vier verschiedene Weisen erfolgen durch:

1. eigene Ermittlung und Abgabe einer Selbsterklärung[23)];
2. Bestätigung der Selbsterklärung durch Externe (z. B. durch Wirtschaftsprüfer);
3. Überprüfung durch die Anspruchsgruppen (Stakeholder) (z. B. durch NGOs);
4. Überprüfung durch unabhängige sachverständige Dritte (z. B. durch Zertifizierung durch akkreditierte Prüforganisationen) (vgl. ONR 192500:2011, S. 6).

Der Managementsystemansatz der ONR 6.2.1

Der Aufbau des Managementsystems in der ONR 192500 entspricht im Wesentlichen dem Aufbau von Managementsystemen anderer Normen. Um dies zu gewährleisten, wurden bei der Entwicklung dieser Regel die Vorgaben des Draft Guide 83, welcher die Struktur und den Text für Managementsystemstandards regelt, berücksichtigt.

Ein Unterscheidungsmerkmal zu den bestehenden Managementsystemnormen wie der ISO 9001 oder der ISO 14001 besteht darin, dass die Organisation diejenigen „externen und internen Gegebenheiten, die für den Zweck der Organisation von Bedeutung sind und ihre Fähigkeit beeinflussen, in Wahrnehmung ihrer gesellschaftlichen Verantwortung die erwünschten Ergebnisse zu erzielen“ (ONR 192500:2011, S. 9), zu bestimmen hat, d. h. den Kontext der Organisation (vgl. Abschnitt 3 der ONR 192500).

---

23) Hilfestellung dabei geben folgende Publikationen: „CSR Self-Assessment Handbook for Companies“, 2010, UNDP, oder der „Guidance on self declaration NEN-ISO 26000“ NPR 9026:2011.

Darunter fallen die Einhaltung der Grundsätze gesellschaftlicher Verantwortung, die Analyse der organisationsspezifischen Merkmale sowie die Bestimmung des Einflussbereichs der Organisation, aber auch die Identifizierung der Anspruchsgruppen und die Bestimmung der relevanten Kernthemen und Handlungsfelder.

Nach der Festlegung des Anwendungsbereichs des Managementsystems werden seitens der Organisation die erforderlichen Prozesse und deren Wechselwirkungen beschrieben.

In weiterer Folge hat die oberste Leitung in Abschnitt 4 ihre Selbstverpflichtung und Bekenntnis zur gesellschaftlichen Verantwortung nachzuweisen, unter anderem durch die formale Positionierung zur gesellschaftlichen Verantwortung, aber auch in der Festlegung von Verantwortlichkeiten, Befugnissen und der Bereitstellung von Ressourcen für den Aufbau, die Verwirklichung, Aufrechterhaltung und kontinuierliche Verbesserung des Managementsystems. Diese Ressourcen umfassen neben dem erforderlichen Personal und dessen speziellen Fähigkeiten auch die Infrastruktur der Organisation sowie technische und finanzielle Mittel in ausreichender Menge. Kompetenzsteigernde Maßnahmen wie Schulungen, Unterweisungen und die Förderung des Bewusstseins aller Personen, die für die Organisation oder in ihrem Auftrag Tätigkeiten ausüben, die Auswirkungen auf die gesellschaftliche Verantwortung der Organisation haben, stellen weitere Erfordernisse der Norm dar.

Wie in jedem anderen Managementsystem nimmt auch bei der ONR 192500 die Leistungsbewertung im Rahmen des so genannten kontinuierlichen Verbesserungsprozesses eine zentrale Rolle ein (Abschnitte 8 und 9). Die Organisation bedient sich hierzu einer Reihe von Kennzahlen, die über den Jahresverlauf hinweg gemessen werden. Diese Kennzahlen bestehen in der Praxis aus einer Reihe von quantitativen Indikatoren (zum Beispiel Emissionszahlen, Energieverbräuche, Personalfluktuation, Frauenanteil in Führungsebenen) und qualitativen Indikatoren (u. a. Kunden- und Mitarbeiterbefragungen). In festgelegten Abständen durchgeführte interne Audits helfen festzustellen, ob die implementierten Regelungen eingehalten werden und inwieweit die Ziele zur Wahrnehmung gesellschaftlicher Verantwortung im Zeitverlauf umgesetzt werden. Einmal jährlich hat darüber hinaus eine Bewertung der getroffenen Maßnahmen durch die oberste Leitung der Organisation (Geschäftsführung, Vorstand) zu erfolgen. Dies ist ein Garant dafür, dass Korrektur- und Verbesserungsmaßnahmen auch tatsächlich in den Folgejahren umgesetzt werden und somit zu einem kontinuierlichen Verbesserungsprozess beitragen.

Über die Ergebnisse der Wahrnehmung gesellschaftlicher Verantwortung ist in angemessener Form und in regelmäßigen Abständen eine Berichterstattung an die Anspruchsgruppen vorgesehen. Die Organisation bestimmt jedoch die Art der Kommunikation sowie die mit der Kommunikation angestrebten Ziele selbst. Inwieweit dieser Bericht als eigenständiges Dokument oder als Teil des Jahresberichts der Organisation erscheint, ist Ermessenssache der berichtenden Organisation. Aus Gründen der Nachvollziehbarkeit sollte der Bericht durch unabhängige Dritte verifiziert werden.

Der normative Anhang 6.2.2

Der normative Anhang der ONR 192500 enthält Erwartungen und Handlungsempfehlungen zu den Kernthemen gesellschaftlicher Verantwortung, mit denen sich jede Organisation auseinanderzusetzen hat.

Diese entsprechen im Wesentlichen den Kernthemen der ISO 26000 und lauten wie folgt (vgl. ONR 192500:2011, S. 11):

- Organisationsführung
- Menschenrechte
- Arbeitspraktiken
- Umwelt
- Faire Betriebs- und Geschäftspraktiken
- Konsumentenbelange
- Einbindung und Entwicklung der Gemeinschaft.

Die Anforderungen bei der Umsetzung 6.3

Die Wesentlichkeitsanalyse 6.3.1

In einem ersten Schritt bestimmt die Organisation „diejenigen externen und internen Gegebenheiten, die für den Zweck der Organisation von Bedeutung sind und die ihre Tätigkeit beeinflussen, in Wahrnehmung ihrer gesellschaftlichen Verantwortung die erwünschten Ergebnisse zu erzielen“ (ONR 192500:2011, S. 9) und beachtet diese Ergebnisse bei der Implementierung des Managementsystems in der Organisation. Welche Themen „wesentlich“ sind, wird dabei durch die Organisation in engem Zusammenspiel mit den Stakeholdern festgelegt. Als „wesentliche“ Themen und Ansprüche werden in der Literatur solche bezeichnet, die für die Organisation ebenso wie für die wichtigsten Stakeholder die größte Relevanz, Dringlichkeit oder Rechtmäßigkeit besitzen.

6.3.2 Festlegung des Einflussbereichs der Organisation

In diesem Zusammenhang wird auch der Einflussbereich der Organisation festgelegt.

Als Einflussbereiche werden nach der ONR 192500 Tätigkeiten und Entscheidungen beschrieben, über die die Organisation eine unmittelbare Kontrolle hat. Dies bedeutet beispielsweise eine Inhaberschaft und Beteiligung an der Organisationsführung einer anderen Organisation (Tochterunternehmen, Beteiligungen), bei Bestehen einer dominierenden wirtschaftlichen Beziehung (Organisation ist der Hauptabnehmer der Produkte) oder wenn ein gesetzliches Mandat einen Einfluss auf eine andere Organisation erfordert.

Fragestellungen, wie zum Beispiel

- In welchen Ländern ist die Organisation aktiv tätig?
- Wo befindet sich das Hauptquartier der Organisation?
- Hat das Unternehmen weitere Divisionen, Tochtergesellschaften, Niederlassungen?

helfen bei der Einschätzung zur Festlegung des Einflussbereichs. Als Nachweis beim Audit gelten zum Beispiel Organigramme oder Firmenbuchauszüge, Konsolidierungsrichtlinien u. Ä.

6.3.3 Bedürfnisse und Anforderungen – die Rolle der Anspruchsgruppen

Gemäß der ONR 192500 „identifiziert und dokumentiert die Organisation ihre Anspruchsgruppen“ (ONR 192500:2011, S. 9). Die Kategorisierung der Anspruchsgruppen erfolgt gemäß der ON-Regel einerseits nach primären und sekundären Anspruchsgruppen – und somit nach der Bedeutung, die die einzelne Anspruchsgruppe für die Sicherung des Überlebens oder den Erfolg der Unternehmung hat (vgl. Sachs 2007, S. 28). Andererseits wird nach den spezifischen Eigenschaften dieser Anspruchsgruppen kategorisiert, wie Macht oder Dringlichkeit der Ansprüche oder ethischen Legitimation. Dieser Ansatz entspricht dem Priorisierungs-Modell nach Mitchell, Agle, Wood (Mitchell et al. 1997). Gemäß dem Ansatz „comply or explain“ lässt die ONR die Nichtbeteiligung einer Anspruchsgruppe, die ein Interesse an einer Entscheidung oder Tätigkeit einer Organisation formuliert, zu, wenn dies gesondert begründet und dokumentiert ist.

Unter 7.1.2 der ON-Regel wird näher auf die Einbindung der Anspruchsgruppen eingegangen. Diese Einbindung stellt „ein wesentliches Merkmal bei der Planung und Lenkung von Tätigkeiten“ (ONR 192500:2011, S. 18) dar und soll in Form eines Dialoges „zwischen der Organisation und den identifizierten Anspruchsgruppen" (ONR 192500 2011, S. 18) erfolgen. Ebenso werden dort die möglichen Nutzen einer Einbindung exemplarisch dargestellt. So können die Verbesserung der Leistung der Organisation, die Lösung von Konflikten und eine Erhöhung von Transparenz und Glaubwürdigkeit als positiv benannt werden.

Führung 6.3.4

Gesellschaftliche Verantwortung innerhalb einer Organisation zu verankern, setzt im ersten Schritt ein klares Bekenntnis der Geschäftsführung/obersten Leitung zu diesem Thema voraus. Ihren Niederschlag findet dieses Bekenntnis unter anderem in der Unternehmenspolitik zu CSR, welche gemäß der ONR das Bekenntnis zur Einhaltung und Umsetzung der Grundsätze in der Strategie, den Strukturen, Prozessen und Arbeitsabläufen sowie eine Willenserklärung zur kontinuierlichen Verbesserung beinhaltet. In einem weiteren Schritt hat die Organisation die Verantwortlichkeiten und Befugnisse festzulegen und in Organigrammen und Stellenbeschreibungen auch zu dokumentieren.

Wie bei jedem anderen Managementsystem auch sind für die zutreffenden Funktionsbereiche und Ebenen innerhalb der Organisation entsprechende Ziele festzulegen und zu vermitteln. Neben der Einhaltung von Gesetzen und internationalen Verhaltensstandards sind alle als relevant identifizierten Handlungsfelder der Kernthemen des Anhangs A (ONR 192500:2011, S. 11 und 24 ff.) Gegenstand der Planung. Dabei ist allen Handlungsfeldern eine hohe Priorität einzuräumen, die sich auf folgende Punkte beziehen: Einhaltung der Menschenrechte; Praktiken, die Leben oder Gesundheit gefährden könnten, und Praktiken, die die Umwelt gefährden könnten (ONR 192500:2011, S. 13 f.). Die Dokumentation innerhalb des Managementsystems hat den Vorgaben, die in Qualitäts- und Umweltmanagementsystemstandards im Kapitel „Dokumenten- und Datenlenkung" zugrunde gelegt werden, zu entsprechen.

Um die Fortschritte in den erkannten Handlungsfeldern zu messen, hat die Organisation geeignete qualitative und quantitative Indikatoren zu bestimmen. Hilfestellung dabei geben neben den bekannten Indikatoren aus Umwelt-, Qualitäts- und Arbeitssicherheits-Managementsystemen auch Indikatoren, welche im Rahmen der GRI (Global Reporting Initiative) entwickelt wurden. Diese G4-Indikatoren decken wirtschaftliche, ökologische und gesellschaftliche Aspekte ab. In angemessenen Zeitabständen, d. h. im Regelfall einmal jährlich, sind interne Audits anhand eines standardisierten Auditverfahrens durchzuführen. Die Ergebnisse der Audits sind im Rahmen eines so genannten Management Reviews durch die oberste Leitung der Organisation zu bewerten und führen gegebenenfalls zu Korrektur- und Verbesserungsmaßnahmen.

6.3.5 Compliance

Im Rahmen der Einhaltung der Grundsätze gesellschaftlicher Verantwortung bekennt sich die Organisation auch zur Achtung der Rechtsstaatlichkeit und internationaler Verhaltensstandards. Gerade dieser Bereich stellt insbesondere für kleine Unternehmen eine große Hürde dar. Zumal diese in der Regel nicht auf eine hausinterne Rechtsabteilung mit dem notwendigen Fachwissen zurückgreifen können. Hier bietet es sich an, entweder entsprechende Dienstleistungen über Fremdanbieter zuzukaufen oder sich diverser im Web veröffentlichter Vorlagen zu bedienen[24)] und diese dann für die Organisation zu adaptieren.

Nach allgemeiner Definition geht CSR über die Einhaltung der Regelwerke hinaus. Im Rahmen des Audits hat die Organisation nun nachzuweisen, welche Schritte eingeleitet wurden, um Gesetze und internationale Standards einzuhalten. Darüber hinaus sind auch die Auflagen aus behördlichen Genehmigungen und Bescheiden in die Betrachtung mit einzubeziehen. Dieser Nachweis umfasst, welches Verfahren verwendet wurde, um die relevanten Gesetzesvorschriften und Standards für die Organisation zu identifizieren, und wie diese in der Organisation den relevanten Stellen mitgeteilt wurden. Aber auch, welche geregelten Verfahren es in der Organisation gibt, um Änderungen festzustellen und darauf zu reagieren.

6.4 Einbindung der Prozesse in das Managementsystem der Organisation

Viele Organisationen verfügen bereits über zertifizierbare Managementsysteme. Häufig handelt es sich hierbei um Systeme im Bereich der Qualität (z. B. ISO 9001), Umwelt (z. B. EMAS, ISO 14001), Arbeitssicherheit (z. B. BS OHSAS 18001) oder fairer Arbeitspraktiken (z. B. SA 8000). Durch Anlehnung an den Draft ISO Guide 83 der ONR 192500 können die der ONR zugeordneten Prozesse in bestehende Managementsysteme integriert werden. So kann zum Beispiel der Punkt A 6.2. der ONR 192500 „Faire Vermarktung, sachbezogene und unverfälschte sowie faire Vertragspraktiken“ in den Prozes-

---

[24)] Download der Gesetze und Verordnungen z. B. von www.ris.bka.gv.at.

sen „Unternehmensführung und Auftragsmanagement" umgesetzt werden. Der Punkt A 3.4. „Gesundheit und Sicherheit am Arbeitsplatz" findet seine Entsprechung in den Kapiteln 4.4.6 „Ablauflenkung" und 4.4.7 „Notfallvorsorge" der BS OHSAS 18001.

Einflussnahme auf Beschaffung und Wertschöpfung 6.4.1

Gerade auf einem globalen Markt kommt der Wertschöpfungskette eine immer größere Bedeutung zu. Die Missachtung von Arbeitnehmerrechten im Rahmen der Zuliefererkette wirkt sich substantiell auf die Reputation des belieferten Unternehmens aus, wie die Beispiele Apple und Foxcon belegen. Die ONR verlangt von den Organisationen, je nach Möglichkeit zur Einflussnahme, zu prüfen, inwieweit auch Anforderungen an die Lieferkette gestellt werden können, die über die unmittelbaren Lieferanten hinausgehen. Dabei haben die Organisationen bei ihren Beschaffungsentscheidungen neben der wirtschaftlichen auch die umweltbezogenen, sozialen und ethischen Aspekte bzw. Implikationen des zu beschaffenden Produkts oder der zu beschaffenden Dienstleistungen über den gesamten Lebenszyklus zu berücksichtigen. Dabei sollte jenen Produkten oder Dienstleistungen der Vorzug gegeben werden, die nachhaltig und ethisch einwandfrei hergestellt worden sind. Um dies sicherzustellen, kann die Organisation nach Möglichkeit auf durch unabhängige Dritte überprüfte Kennzeichnungssysteme oder einschlägige Leitlinien für Beschaffungsvorgänge zurückgreifen (vgl. ONR 192500:2011, S. 19).

Kommunikation 6.4.2

Die ONR 192500 gibt den Organisationen keinen starren Rahmen für die Kommunikation vor. Es wird aber erwartet, dass die Organisation „in angemessenen und regelmäßigen Abständen ihren Anspruchsgruppen über ihre Aktivitäten bei der Wahrnehmung gesellschaftlicher Verantwortung berichtet" (ONR 192500:2011, S. 15 f).

Um im Rahmen der Nachhaltigkeitsberichterstattung Transparenz zu erreichen und diese zu gewährleisten, sollten die in Abschnitt 7 der ISO 26000 beschriebenen Berichterstattungsgrundsätze angewandt werden. Diese sind:

- „Nachhaltigkeitskontext: Der Bericht sollte die Leistung der Organisation im größeren Zusammenhang einer nachhaltigen Entwicklung darstellen.
- Wesentlichkeit: Der Bericht sollte Aspekte abdecken, die die wesentlichen wirtschaftlichen, ökologischen und gesellschaft-

lichen Auswirkungen der Organisationsaktivitäten wiedergeben und die Beurteilungen und Entscheidungen der Stakeholder maßgeblich beeinflussen.

- Vollständigkeit: Der Bericht sollte alle wesentlichen Aspekte und deren Grenzen in dem Maße abdecken, dass sie die bedeutenden wirtschaftlichen, ökologischen und gesellschaftlichen Auswirkungen wiedergeben und die Stakeholder die Leistung der Organisation im Berichtszeitraum beurteilen können.
- Vergleichbarkeit: Die Organisation sollte Informationen konsistent auswählen, zusammentragen und in Berichtsform bringen.
- Genauigkeit: Die Informationen im Bericht sollten so genau und detailliert sein, dass ein betroffener Stakeholder beurteilen kann, ob und inwieweit die Organisation ihrer gesellschaftlichen Verantwortung gerecht wird.
- Aktualität: Die Berichterstattung erfolgt regelmäßig, damit die Informationen den Stakeholdern rechtzeitig zur Verfügung stehen, um fundierte Entscheidungen treffen zu können.
- Klarheit: Informationen sollten so zur Verfügung gestellt werden, dass sie für Stakeholder, die den Bericht nutzen, verständlich und zugänglich sind.
- Verlässlichkeit: Die für die Aufbereitung eines Berichts verwendeten Informationen und Verfahren sollten so gesammelt, aufgezeichnet, analysiert und weitergegeben werden, dass sie einer Überprüfung unterzogen werden können, die die Qualität und die Wesentlichkeit der Informationen feststellt“ (vgl. Global Reporting System G4 2013, S. 16 ff.).

Bezüglich der Inhalte des Berichts verlangt die ONR, dass die Organisation Informationen über ihre Politik zur gesellschaftlichen Verantwortung, ihre Zielsetzungen und Maßnahmen zu allen Kernthemen und relevanten Handlungsfeldern gesellschaftlicher Verantwortung anführt. Zudem sollten sämtliche Leistungen und Veränderungen dokumentiert und diese anhand von Indikatoren/Kennzahlen dargestellt werden. Darüber hinaus soll über die Einbindung der Anspruchsgruppen und den Umfang ihres Einflussbereichs berichtet werden. In Summe soll ein umfassendes, nachvollziehbares Bild der Leistungen der Organisation im Bereich CSR gezeichnet werden. Wesentlich dabei ist, dass nicht nur die Erfolge, sondern auch Probleme sowie mögliche Lösungsansätze dafür dargestellt werden (vgl. ONR 192500:2011, S. 15 f.).

In welcher Form die Organisation den Bericht veröffentlicht – ob digital oder gedruckt, als alleinstehender Nachhaltigkeitsbericht oder als Teil des jährlichen Finanzberichtes – bleibt ihr freigestellt.

Kann man gesellschaftliche Verantwortung zertifizieren? 6.5

Die ISO 26000 als „Leitfaden zur gesellschaftlichen Verantwortung" soll den Anwendern Orientierung geben, „ein gemeinsames Verständnis gesellschaftlicher Verantwortung zu schaffen, zu schärfen und die Sensibilisierung für bzw. die Auseinandersetzung mit ihrer eigenen gesellschaftlichen Verantwortung zu stärken". Die bei der Erarbeitung der ISO 26000 involvierten Experten waren der Meinung, dass gesellschaftliche Verantwortung nicht zertifizierbar sei. Neben der Befürchtung, dass sich in einem solchen Fall die Organisation nur auf das Erfüllen der Audit-Checklisten konzentrieren könnte, ohne sich inhaltlich mit ihrer gesellschaftlichen Verantwortung auseinanderzusetzen, bestand auch die Befürchtung, dass sich der damit verbundene Aufwand negativ auf die Motivation aller involvierten Akteure auswirken könnte (Kleinfeld 2011, S. 15). Diese Problematik war auch innerhalb der Expertengruppe, die für die Entstehung der ONR 192500 verantwortlich war, ein Thema.

Aus diesem Grund wurde in diesem Regelwerk ein Managementansatz gewählt, der es ermöglicht, ein integriertes Managementsystem, dessen Implementierung und Umsetzung innerhalb der Organisation zum Prüfgegenstand zu machen. Der Auditor stellt im Rahmen der Auditierung fest, ob die Organisation über ein Managementsystem verfügt, dass geeignet ist, die im normativen Anhang beschriebenen Erwartungen und Handlungsempfehlungen zu den Kernthemen gesellschaftlicher Verantwortung umzusetzen. Die Erfahrung aus den ersten Zertifizierungen hat gezeigt, dass die Unternehmen, die sich bisher diesem Vorgang unterzogen haben, schon vorher eine Vorreiterrolle in Sachen CSR im jeweiligen Wirtschaftszweig in ihrer Region innehatten. Die Auseinandersetzung mit diesem Thema war bei diesen Unternehmen schon weit vorangeschritten und ging über ein reines Lippenbekenntnis hinaus. Durch den Managementansatz der ONR 192500 wurde jedoch eine bessere Einbindung und damit ein breites Verständnis für das Thema gesellschaftliche Verantwortung in den Unternehmen erreicht.

Blickt man auf die in der ONR 192500 genannten Handlungsfelder, erkennt man, dass im Rahmen eines Audits ein weites Feld von Umwelt-, Sicherheits-, Arbeitsschutz-, Gesundheits- sowie Sozialthemen überprüft werden muss. Auch wenn ein Audit keine 100 %ige Prüfung sein kann, sondern immer nur eine auf repräsentativen Stichproben basierende Prüfung sein wird, stellt sich die Frage, welchen Zeitaufwand diese Überprüfung erfasst. Zertifizierungsorganisationen haben im Rahmen ihrer durch den Akkreditierer überprüften Regelungen klare Festlegungen über die Dauer von Audits. So werden Kleinbetriebe bis ca. 10 Mitarbeiter je nach Komplexität zwischen 1–2 Tagen auditiert, bei Organisationen mit mehr als 500–1 000 Mitarbeitern kann der Aufwand bei 5–10 Tagen liegen. Somit ist auch für kleinere Unternehmen eine Zertifizierung nach der ONR durchaus im Bereich des Möglichen. Der detaillierte Prüfaufwand wird in der Regel durch ein sogenanntes Stufe 1-Audit vor Ort endgültig festgelegt.

Die ersten Erfahrungen zeigen, dass diese Zeitaufwendungen, welche auch auf den Erfahrungen aus der Auditierung anderer Managementsysteme für Umwelt und Arbeitssicherheit (ISO 14001, BS OHSAS 18001) beruhen, eine fundierte Überprüfung der Managementsysteme für soziale Verantwortung ermöglichen.

Tipp: Erarbeiten Sie anhand der Normdokumente eine Checkliste für die Umsetzung im Unternehmen.

So beispielsweise im Abschnitt 4.3 Organisationelle Rollen, Verantwortung und Befugnisse (ONR 192500):

- Wie ist Verantwortung für das System in Ihrem Unternehmen festgelegt?
- In welchen Prozessen wird dies umgesetzt?
- In welchen Dokumenten wird diese Umsetzung beschrieben?

Exkurs: Die institutionelle Verankerung organisationaler Verantwortung: Überlegungen zur ISO 26000 aus Sicht der Wissenschaft 7

Dr. Christoph Schank, Thomas Hajduk, Prof. Dr. Thomas Beschorner

Die ISO 26000 und ihre Grenzen 7.1

Die aus einem globalen Normierungsprozess hervorgegangene ISO 26000 stellt eine herausragende Kraftanstrengung von Akteuren aus Wirtschaft, Regierungen und Gewerkschaften sowie den Verbraucherverbänden und der organisierten Zivilgesellschaft dar. Diese internationale, quer durch über neunzig Staaten und verschiedenste Anspruchsgruppen (Stakeholder) verhandelte Norm verdeutlicht eindrucksvoll die Geltung, aber auch das Bedürfnis nach einer Handreichung zur systematischen Ausgestaltung gesellschaftlicher Verantwortung von und in Organisationen. Die daraus hervorgegangenen sieben Prinzipien und sieben Kernthemen stiften Orientierung über die Leitsätze und Handlungsfelder einer gesellschaftlichen Verantwortung, wie sie von der Zivilgesellschaft und ihren organisierten Sprachrohren bereits seit längerem eingefordert wird. Gleichwohl beschränken sich konkrete Umsetzungsformulierungen in Form einer organisationalen Etablierung mittels Standards und Instrumente einer verantwortungsvollen Unternehmensführung auf wenige Bereiche innerhalb der Norm (vgl. Aßländer 2011, S. 176; Göbel 2013, S. 276).

Der Verzicht auf diese Umsetzungsempfehlungen führt nun zu mehreren Implikationen der ISO 26000. Zum einen erschwert er maßgeblich die Möglichkeit zu einer (ohnehin explizit ausgeschlossenen) Zertifizierung der organisationalen Umsetzung, zum anderen wird damit aber auch der Vielzahl von Möglichkeiten eben dieser Umsetzung in konkreten Organisationen, Branchen und Geschäftsfeldern Rechnung getragen. Insofern ist davon auszugehen, dass Praxisleitfäden (vgl. bspw. Vitt/Franz/Kleinfeld/Thorns 2011; Kleinfeld 2011; Bay 2010) weiter an Geltung gewinnen werden und es konkreter Umsetzungsbeispiele bedarf, um die Richtlinie einer möglichst großen Anzahl an gerade auch kleinen und mittleren Unternehmen zu erschließen. Dabei droht jedoch eine Lücke zwischen den weitgehend abstrahierten Normen der ISO 26000 und den sehr konkreten organisationalen Praktiken in Organisationen zu entstehen, die wir in diesem Beitrag mit Ansätzen zur institutionellen Verankerung organisationaler Verantwortung beschreiben wollen. Diese Diskrepanz zwischen Normenkatalog und Unternehmenspraxis soll dabei aber nicht als defizitäres Versäumnis, sondern gleichzeitig als Chance für weitere Innovationen und inkrementelle Optimierungen begriffen werden (vgl. Schmiedeknecht/Wieland 2012, S. 269). Eine Reduzierung der Richtlinie auf bestimmte, zwingende Umsetzungsmechanismen steckt allen Akteuren in ihrer Suche nach fortschrittlichen Lösungen unerwünschte Grenzen und droht einen Status quo zu zementieren.

Ausgehend vom gegenwärtigen Stand der Forschung zur Corporate Social Responsibility (CSR) und benachbarten Leitbildern möchten wir daher der Frage nachgehen, über welche Prozesse, Integrationsformen und auch Instrumente ein Kulturwandel in der Organisation hervorgerufen werden kann – freilich im Sinne und vor dem Hintergrund der in der ISO 26000 postulierten Prinzipien und zur Auseinandersetzung mit den Kernbereichen. An diese Einleitung anschließend setzen wir uns in einem ersten Schritt mit dem Leitbild des „Ehrbaren Kaufmannes“ auseinander, dessen enormer Popularitätszugewinn in den Zeitraum der Finalisierung und Verabschiedung der ISO-Norm fällt und der im heutigen deutschen CSR-Diskurs zu einer unverzichtbaren Reibungsfläche geworden zu sein scheint. Wir gehen hier der Frage nach, inwiefern ein individualethisch ausgerichtetes Konzept mit einem ausgeprägten (regional-)historischen Bezug auf die Umsetzung einer international ausgehandelten Richtlinie für gesellschaftliche Verantwortung hinwirken kann und wo Grenzen und Defizite zu konstatieren sind. Daran anschließend erfolgt eine Annäherung an organisationale Integritäts- und Managementsysteme, wie sie bereits deutlich vor der Verabschiedung des Normenkataloges Relevanz und Anwendung gefunden haben. Diese mitunter viel konkreter ausgestalteten Implementierungsmuster sollen eingangs diskutiert werden, und zwar unter der inzwischen wohletablierten Differenzierung zwischen Integrity und Compliance als (vermeintliche) Gegenpole einer organisationalen Kultur der Verhaltenssteuerung. Bestehende Managementansätze sollen dabei auf ihre Eignung geprüft werden, eine vertikale und horizontale Verantwortungsintegration voranzutreiben. In einem abschließenden Kapitel stehen mit dem Ethik-Beauftragten und dem Ethik-Arbeitskreis zwei ausgewählte Instrumente im Fokus, die eine Umsetzung möglichst unabhängig von Größe, Branche und Geschäftsfeld unterstützen können.

Der „Ehrbare Kaufmann" – Potenzial und Grenzen eines individualethischen Leitbilds[25] 7.2

„Der Ehrbare Kaufmann lebt!" Mit diesem Ausruf ist eine Broschüre der Industrie- und Handelskammer Ostbrandenburg betitelt, die eine Reihe regionaler Unternehmer porträtiert (vgl. IHK Ostbrandenburg 2012). Ob Einzelhändler, Fischereiinhaberin, Geschäftsführer eines Ökodorfs, Kletterparkbetreiber oder Buchhändlerin – sie alle fühlen sich der „kulturellen Leitidee" des „Ehrbaren Kaufmanns" verpflichtet. Die Broschüre ist Teil der „Initiative Ehrbarer Kaufmann", die Unternehmen in der Region dazu aufruft, sich online zu registrieren und als ehrbare Kaufleute „Gesicht zu zeigen"[26]. Auch andere Industrie- und Handelskammern, wie etwa die in Nürnberg (vgl. IHK Nürnberg 2013), sowie der Deutsche Industrie- und Handelskammertag[27] plädieren neuerdings wieder verstärkt für den „Ehrbaren Kaufmann", ganz zu schweigen von Traditionsvereinen wie der 1517 gegründeten Versammlung Eines Ehrbaren Kaufmanns zu Hamburg e. V. (VEEK).

Dieser vielfach geäußerte Wunsch nach einer Renaissance des „Ehrbaren Kaufmanns" hat schließlich Eingang in die breitere unternehmensethische Diskussion gefunden. So haben etwa Ökonomen am Institut für Management an der Humboldt-Universität in Berlin versucht, in ihren Arbeiten „praktischen Erfahrungen zu einem von ideologischen Elementen bereinigten Gesamtbild zusammenzusetzen", um ein „allgemeingültiges und vor allem zukunftsfähiges Leitbild zu formulieren" (Klink 2008, S. 61). Im Rahmen ihrer Forschung haben sie ein „Verantwortungsmodell des Ehrbaren Kaufmanns" entwickelt, welches die verschiedenen Tugenden des Leitbilds schematisiert (vgl. Schwalbach/Klink 2012, S. 230 ff.). Auch andere Wissenschaftler greifen das Leitbild auf und arbeiten dessen unternehmensethische Relevanz heraus (vgl. Brink 2013; Wegman et al. 2009).

Die Vertreter des „Ehrbaren Kaufmanns" zeichnen durchaus ein respektables (Ideal-)Bild: Er ist weltoffen, steht zu seinem Wort („sein Handschlag gilt"), ist ein vertrauensvoller Geschäftspartner, der nach dem Grundsatz von „Treu und Glauben" handelt, besitzt ein gutes kaufmännisches Wissen, handelt als Vorbild in seinem Unternehmen, wo er die Bedingungen für ehrbares Handeln schafft, und engagiert sich für die Gesellschaft bzw. in der Politik (vgl. beispiel-

---

25) Siehe vertiefend zu diesem Abschnitt auch Beschorner/Hajduk (2012, 2014).

26) www.initiative-ek-de.

27) IHK-Mitglieder sind bereits qua Gesetz zur „Wahrung von Anstand und Sitte des ehrbaren Kaufmanns" verpflichtet (§ 1 Abs. 1 IHKG).

haft IHK Nürnberg 2013, S. 33; ausführlicher VEEK 2014). Im „Verantwortungsmodell des Ehrbaren Kaufmanns" nach Schwalbach und Klink (2012) werden diese Tugenden in ein Leitbild im engeren und weiteren Sinne unterteilt. Demnach umfasst der „Ehrbare Kaufmann" im engeren Sinne die humanistische Grundbildung, das betriebswirtschaftliche Fachwissen und Wirtschaftstugenden, zu der etwa Redlichkeit, Sparsamkeit, Weitblick, Ehrlichkeit, Fleiß usw. gehören. Der „Ehrbare Kaufmann" im weiteren Sinne bezeichnet die Verantwortung gegenüber seiner Umwelt, angefangen von den Mitarbeitern, Geschäftspartnern und Investoren bis hin zu Verbrauchern, der Gemeinde und schließlich der natürlichen Umwelt.

Oft wird von den Vertretern des „Ehrbaren Kaufmanns" gefordert, dieses Konzept in die Ausbildung künftiger Manager zu integrieren – und etwa im Rahmen eines Manager-Eids zu verfestigen[28]. Der Vorschlag ist so konsensfähig wie einfach. Es steckt darin die Sehnsucht nach besseren, tugendhafteren Menschen. In der Wissenschaft spricht man hier von Individualethik, also dem „richtigen Tun" einer Person in einer gegebenen Situation. Tatsächlich greift dieser individualethische Ansatz des „Ehrbaren Kaufmanns" einige richtige Beobachtungen auf. Erstens finden wir schon rein empirisch – auch im Unternehmenskontext – Handlungen von Personen vor, die nicht strategisch kalkuliert sind, sondern idealtypisch auf der Grundlage einer (unbedingten) ethischen Werteentscheidung vollzogen werden. Diese zu erfassen, sie zur Kenntnis zu nehmen und gerade nicht als ein erweitertes Kalkül eines Homo oeconomicus zu modellieren, ist aus unserer Sicht wesentlich für das Verstehen von Organisationen. Zweitens, so weiß man aus der so genannten Neuen Institutionenökonomik, können aus individualethischen Handlungen Kostenvorteile für Unternehmen resultieren. Mitarbeiter, denen ich beispielsweise vertrauen kann, braucht man nicht mit kostspieligen Systemen zu überwachen, und es können Freiräume gewährt werden, die für Innovationsprozesse von zentraler Relevanz sind.

Trotz dieser richtigen Einsicht, dass individuelle Verantwortung wichtig ist, ist der „Ehrbare Kaufmann" konzeptionell zu eingeschränkt, um die Frage nach der Unternehmensverantwortung hinreichend zu beantworten. Zunächst handelt es sich – zumindest mit Blick auf die Diskussion des Begriffs – um ein retrospektives, historisches Leitbild, das sich kaum auf die heutige (Geschäfts-)Welt übertragen lässt, da es in weiten Zügen anachronistisch ist. Es beginnt damit,

---

[28] So haben bereits mehrere Business Schools diese Idee aufgegriffen. Am prominentesten ist der „Harvard MBA Oath", der 2010 erstmals von einem Teil der Absolventen freiwillig abgelegt wurde (www.mbaoath.org).

dass der „Ehrbare Kaufmann" Unternehmer auf eigene Rechnung ist. Mehr noch: Er ist ein Eigentümer, der persönlich haftet. Obwohl inhabergeführte Unternehmen eine wichtige Rolle im Wirtschaftsleben spielen, so stellen sie heute nur eine mögliche Organisationsform wirtschaftlicher Aktivitäten dar. Die Mehrheit der wirtschaftlich aktiven Personen – vom Assistenten bis zur Vorstandsvorsitzenden – nimmt als Angestellte und Arbeiter am Wirtschaftsleben teil. Für sie hat das Leitbild des „Ehrbaren Kaufmanns" streng genommen keine Relevanz, denn sie haben nicht die gleiche Bindung an und Kontrolle über das Unternehmen wie dessen Eigentümer.

Abgesehen von solchen Veränderungen im (historischen) Kontext ist auch die inhaltliche Bedeutung des „Ehrbaren Kaufmanns" weniger klar, als es zunächst den Anschein hat. Der „Ehrbare Kaufmann" agiert nicht selbstlos tugendhaft, sondern um seiner Ehre willen oder, um es moderner auszudrücken, wegen seines „guten Rufs". Es ist diese Triebfeder, die ihn motiviert, sich „anständig" – also seinem (Kaufmanns-)Stande entsprechend – zu verhalten, weil ansonsten der eigene soziale Status und damit das Geschäft in Gefahr gerät. Nach dieser Lesart ist der „Ehrbare Kaufmann" also nicht tugendhafter als der egoistisch agierende Nutzenmaximierer, der weiß, dass Reputation Teil eines ökonomisch klugen Managements ist.

In der heutigen Unternehmenswelt ist das Verständnis des „Ehrbaren Kaufmanns" oft sehr eng mit einem spezifischen Typus von Unternehmensverantwortung verbunden: Man engagiert sich für soziale oder ökologische Belange in der Gesellschaft, indem man einen finanziellen oder materiellen Beitrag für wichtige Initiativen leistet. Unternehmen leisten damit zweifelsohne durch dieses Engagement einen wichtigen Beitrag für die Gesellschaft. Hinreichend ist dies nicht, weil damit lediglich die Frage der Gewinnverwendung angesprochen ist. Einer modernen Unternehmensverantwortung dagegen geht es nicht darum, wie die Gewinne ausgegeben, sondern wie die Gewinne erwirtschaftet werden. Sie ist integrativ angelegt.

Insgesamt hängt die Reputation von Unternehmen im 21. Jahrhundert nicht mehr von der wohlmeinenden Meinung weniger Standesgenossen bzw. Peers oder einer oben beschriebenen Spendenethik ab, sondern von multiplen Ansprüchen verschiedener gesellschaftlicher Akteure. Das Interesse dieser Akteure richtet sich dabei in besonderer und zunehmender Weise auf soziale und ökologische Aspekte unternehmerischen Handelns, und Unternehmen stehen damit vor der Herausforderung, diese Dimensionen in stärkerem Maße in ihrem Kerngeschäft zu berücksichtigen und zu integrieren. Dies hat weniger mit Akzeptanz, sondern vielmehr mit Legitimation zu tun. Mit anderen Worten geht es darum, nicht nur die Ansprüche der wirkungsmächtigsten und präsentesten Stakeholder, sondern auch die legitimen Forderungen marginalisierter Gruppen zu berücksichtigen und im Gegenzug so nicht lediglich Akzeptanz, sondern gesellschaftliche Legitimität zu gewinnen. Diese Dimension wird auch von dem „Ehrbaren Kaufmann" im weiteren Sinne nicht erfasst, da hier bereits die Anspruchsgruppen priorisiert sind: Am wichtigsten sind die ökonomischen Anspruchsgruppen, also Mitarbeitende, Lieferanten, Geschäftspartner, Investoren und Wettbewerber, da sie dem „Ehrbaren Kaufmann" am nächsten sind (vgl. Schwalbach/Klink 2012, S. 232). Erst danach werden weitere Anspruchsgruppen genannt (Kunden, Gemeinde, Öffentlichkeit, Staat usw.), die aber auf immer weiter entfernteren Verantwortungsebenen liegen und damit den Eindruck erwecken, tatsächlich weniger mit dem Geschäft des „Ehrbaren Kaufmanns" zu tun zu haben.

Diese unterkomplexe Betrachtung von Verantwortung wird durch die globalisierte Umwelt, in der sich Unternehmen heute bewegen, zusätzlich in Frage gestellt. Zum einen scheint das „Verantwortungsmodell des Ehrbaren Kaufmanns" diese Dimension schlicht auszublenden, weil etwa die Anspruchsgruppen in Zuliefer- bzw. Produktionsländern nicht genannt werden. Zum anderen ist ein Wertekanon, so denn überhaupt ein solcher in einheitlicher Form existiert, nicht nur regional verankert, sondern orientiert sich vielmehr an den Gepflogenheiten der globalen „business community" und den Bedingungen interkultureller Kooperation. Diese An- und Herausforderungen gelten nicht zuletzt für deutsche Mittelständler, jene „hidden champions", deren Kunden und Geschäftspartner aus der ganzen Welt und nicht nur der Region kommen.

Es lässt sich zusammenfassen, dass der „Ehrbare Kaufmann" zumindest als individualethisches Konzept eine wichtige Dimension der Unternehmensverantwortung anspricht. Es braucht Menschen in der Organisation, die Verantwortung übernehmen und (vor-)leben. Doch wird die Verkürzung auf die Sekundär- bzw. Wirtschaftstugenden des Unternehmers den Anforderungen der modernen Unternehmensumwelt nicht gerecht. Insbesondere die über die Einzelnen hinausgehende Verantwortung – also die organisationale Verantwortung, aber auch die vielfältigen Verflechtungen des Unternehmens mit der Gesellschaft – kann der „Ehrbare Kaufmann" nicht ausreichend erfassen. Wollte eine einzelne Person sich mit diesen Verantwortungsdimensionen auseinandersetzen, liefe sie Gefahr, moralisch überlastet zu werden. An dieser Stelle braucht es in den Worten Peter Ulrichs (2008, S. 352) „institutionelle Rückenstützen", die dem Einzelnen verantwortungsvolles Handeln ermöglichen und damit zumutbar machen. Die ISO 26000 ist eine solche Institution.

7.3 Integritäts- und wertebasiertes Management: Ansätze und Orientierungen

Die Komplexität der heutigen Geschäfts- und Umfeldbeziehungen erweist sich stets aufs Neue als Triebfeder für ausgestaltete Systeme zum Management auch normativer Prozesse. Es ist die Pluralität von Moralvorstellungen, Kulturräumen und Normerwartungen, die insbesondere global agierende Unternehmen zu einer kontinuierlichen Auseinandersetzung mit ihrer Wertebasis und ihrer Verantwortung gegenüber der Gesellschaft zwingt. Ethos und Gewissen des Einzelnen sind unter diesen Vorzeichen nicht länger die (alleinige) Richtschnur, an der integres Verhalten ausgerichtet werden kann. Es bedarf vielmehr einer kodifizierten und implementierten Wertebasis, die als institutionalisiertes Rückgrat Verhalten steuert, Stakeholderdialoge strukturiert und damit schlussendlich die systematische Übernahme gesellschaftlicher Verantwortung erst ermöglicht. Die Umsetzung der ISO 26000 kann daher in sogenannten Integritäts- oder Wertemanagementsystemen erfolgen.

Das bekannteste Beispiel eines Systems zum Management gesellschaftlicher Verantwortung stellt das maßgeblich von Josef Wieland vertretene Wertemanagementsystem dar. Diese Systeme sind „Ausdruck der normativen Seite der Unternehmung und umfassen alle Mechanismen, über die ein Unternehmen in dieser Hinsicht verfügt" (Wieland 2004, S. 23)[29]. Der Hinweis auf die Mechanismen erstreckt sich dabei vordergründig auf formal gesetzte Artefakte, Prozesse und Institutionen. Bis heute führt das Wertemanagement in vier Prozessstufen zu einem ganzheitlichen Ansatz, der die Implementierung von Werten über folgende Stufen beschreibt:

(1) Kodifizieren: Die Organisation gibt sich Grundwerte und expliziert diese in Form von Leitbildern und Prinzipien.

(2) Implementieren: Die kodifizierten Werte halten über Verhaltensstandards, Zielvereinbarungen, Entscheidungsprozesse etc. Einzug in den Geschäftsalltag.

(3) Systematisierung: Die zuvor erstellten Instrumente werden aufeinander bezogen, systematisiert und entweder in bestehende Systeme (etwa das Personalmanagement) integriert oder als eigenständige Systeme institutionalisiert und kommuniziert (etwa das CSR-Management).

---

[29] Das Wertemanagementsystem bleibt dabei nicht auf Unternehmen beschränkt, sondern kommt auch in sehr unterschiedlichen Organisationen zum Einsatz (vgl. Wieland 2011, S. 248).

(4) Organisieren: Der Aufbau erhält „fachliche Professionalität und zugleich ein Gesicht“ (Wieland 2011: 250), das heißt, es werden entsprechende Stellen eingerichtet (Ethik- oder Nachhaltigkeitsbeauftragter etc.) und die übrigen Führungskräfte auf ihre Rolle als Vorbild eingeschworen.

Das Wertemanagement nach Josef Wieland lenkt den Blick auf das Explizieren vormals vielleicht nur implizit wirkender Werte- und Normvorstellungen. Es ist in seinem weiteren Verlauf stark darauf ausgerichtet, der herausgestellten Wertebasis zur Umsetzung zu verhelfen und eine dauernde Kontrolle und Steuerung zu ermöglichen. Folgerichtig betont es eine Kultur der Regel- und Erwartungstreue, deren Zielsetzung die moralische Konformität innerhalb der Organisation ist. Damit markiert es in Bezug auf die Ansätze zur institutionellen Verankerung organisationaler Verantwortung eine bestimmte Steuerungsphilosophie. Um das Wertemanagementsystem darin einordnen und seine Potenziale und Grenzen verstehen zu können, ist ein Blick auf ein steuerphilosophisches Spektrum notwendig, das landläufig von den (vermeintlichen) Eckpunkten Compliance und Integrität geprägt wird.

Die Auseinandersetzung mit Compliance und Integrity erfuhr Mitte der 1990er Jahre durch einen Beitrag von Lynn Sharpe Paine einen enormen Aufschwung. Den Unterschied dieser beiden Ansätze beschreibt sie wie folgt: „While compliance is rooted in avoiding legal sanctions, organizational integrity is based on the concept of self-governance in accordance with a set of guiding principles“ (Paine 1994: 111). Verkürzt gesprochen zielt der Compliance-Ansatz auf die Prävention illegalen und (auch) illegitimen Handelns ab, sofern Letzteres in Form von unternehmens- oder brancheneigenen Standards niedergeschrieben und für verbindlich erklärt wurde. Die dahinter stehende Logik lautet, Sanktionen gegen die Organisation zu vermeiden; dies geschieht über Kontrolle, Risikomanagement und die Schließung von Handlungsspielräumen, die unerwünschtes Verhalten erst ermöglichen. Die Ultima Ratio dieses Ansatzes stellen „Abreizsysteme“ dar (vgl. Thielemann 2005, S. 20), die Sanktionen bis zur Kündigung oder gar zivilrechtlichen Verfolgung beinhalten. Das Bild vom „schließenden Charakter“ des Compliance-Ansatzes ist ein zentrales, wenn es um verschiedene Ansätze zur Verankerung von organisationaler Verantwortung geht. Bezüglich einer Compliance-Tradition bedeutet die Übernahme gesellschaftlicher Verantwortung, jene Handlungen zu vermeiden, die gegen wertebasierte Prinzipien und die Erwartungshaltung der Anspruchsgruppen – insbesondere gegen die Rechtsordnung – verstoßen. Damit wird auf die Konservierung eines einmal für wünschenswert gehaltenen Zustandes abgestellt, dessen Anpassung nur beim Auftreten neuer externer Impulse (neue Gesetzeslage etc.) notwendig wird. Eine Compliance-Strategie, die Akteure auf Konformität verpflichtet und in Erwartung von Opportunismus, Egoismus oder einfach mangelnder moralischer Kompetenz ihre Handlungsspielräume begrenzt, unterbindet damit letztlich Innovationen und wird mündigen Organisationsmitgliedern in ihrem Wunsch nach Selbstbestimmung nicht gerecht.

Bei der Integrity handelt es sich um den bedeutend anspruchsvolleren Begriff – was sich nicht allein dadurch zeigt, dass er in vielen Darstellungen, auch und gerade gegenüber der oftmals pragmatisch-technischen Compliance, abstrakt bleibt. Integrity soll im Gegensatz zur schließenden Compliance Räume und Möglichkeiten für eine ethische Reflexion und ein integres Handeln öffnen. Gemein ist allen Ausführungen, dass der Integrity-Ansatz eine Vertrauenskultur voraussetzt, in der Akteure Freiräume für eigenverantwortliches, moralisches Handeln erhalten. Als konkrete Umsetzungsschritte sind etwa Vertrauensarbeitszeit oder Coachings zu nennen. Damit allein wird es jedoch im Sinne einer Integritätskultur nicht getan sein. Von zentraler Bedeutung ist die Fähigkeit der Organisationsmitglieder, in Dilemmasituationen im Sinne der Organisation integer und ökonomisch klug zu entscheiden. Dies kann teilweise über Trainings oder Coachings ermöglicht werden, bedarf jedoch auch einer kritischen Reflexion der Anreiz-, Entscheidungs- und Plausibilisierungslogiken der einzelnen Abteilungen und der gesamten Organisationskultur. Verharrt die Organisation etwa in einer Null-Fehler-Kultur, sind auch weitreichende Freiräume und aufwändige Bildungsmaßnahmen häufig fruchtlos – im Zweifelsfall wird sich der Einzelne für eine sichere, konsensfähige Option entscheiden, ökonomische Wagnisse vermeiden und oftmals moralischen Mut vermissen lassen. Sich im Spektrum zwischen Integrity und Compliance, zwischen öffnenden und schließenden Maßnahmen, zu verorten, ist eine Entscheidung, die vor der Implementierung von konkreten Instrumenten und Prozessen, wie vom Wertemanagementsystem veranschlagt, getroffen werden muss.

Die Anforderungen der Praxis zeigen, dass die alleinige Verfolgung eines dieser Ansätze illusorisch scheinen muss. Auf verbindliche, sanktionsbewehrte Regelsysteme und Kontrollmechanismen lässt sich in einer Vielzahl von Branchen, in denen Gesetzesverstöße rasch existenzbedrohend werden können, kaum verzichten. Gleichzeitig ist die Annahme, Compliance rufe eine Entmündigung der Akteure hervor, stark verkürzt. Gerade indem Handlungsoptionen a priori (hoffentlich wohl begründet) für unerwünscht erklärt werden, sind Mitarbeitende in den Grauzonen des Tagesgeschäftes besser gewappnet und von einer eigenständigen ethischen Reflexion entlastet (vgl. Noll 2013, S. 187). Diese Entlastung darf jedoch nicht mit einer Befreiung gleichgesetzt werden. Integrity bedeutet, die moralische Kompetenz des Einzelnen wertzuschätzen, zu fördern und im Rahmen dazu geeigneter Strukturen auch einzufordern. Damit dieser Dreiklang gelingen kann, bedarf eine Organisation einer diskursiven Infrastruktur als Reflexionsfläche für integres Handeln.

Der Begriff der diskursiven Infrastruktur geht auf Peter Ulrich (2008, auch Maak/Ulrich 2007) zurück und bezeichnet Orte der „sanktionsfreien und ergebnisoffenen argumentativen Klärung von Verantwortbarkeits- und Zumutbarkeitsfragen“ (Ulrich 2008, S. 499). Ulrich und Mitarbeiter selbst reduzieren diesen Begriff häufig auf Instrumente, Stellenprofile und Begegnungsstätten (Foren, Arbeitskreise, Ombudsmänner etc.). Dadurch kann leicht übersehen werden, dass solche Verankerungen fruchtlos bleiben, so die Organisation diese Diskurse in einem quasi luftleeren Raum führt. In unseren Augen muss der Diskurs aber genau dort ansetzen dürfen, wo er das Tagesgeschäft der Mitarbeiterinnen und Mitarbeiter direkt berührt. Im Rahmen einer vertikalen Integration der gesellschaftlichen Verantwortung darf Ethik nicht von den Säulenheiligen der Organisation verhandelt werden und auch kein besinnlicher Rückzugsort aus dem Tagesgeschäft darstellen. Vielmehr muss die Wertebasis die Organisation in der Tiefe durchdringen und den einzelnen Mitarbeiter – und nicht die Strukturen – als Ausgangspunkt und Adressat einer jeden ethischen Überlegung begreifen.

Die vertikale Integration des Verantwortungsgedankens durch alle Unternehmensbereiche hindurch und das Zusammenspiel von öffnenden und schließenden Maßnahmen sind die entscheidenden Erfolgsfaktoren einer gelebten gesellschaftlichen Verantwortung. Praktizierte Verantwortung zeichnet sich eben nicht dadurch aus, dass sie sich allein in dazu eigens eingerichteten Fachabteilungen oder nur eng umrissenen Anlässen abspielt, sondern dass sie das Potenzial dazu aufweist, alle Funktionsbereiche der Organisation zu durchdringen (vgl. Abb. 12).

Das Herstellen einer solchen Systemintegrität (vgl. Maak/Ulrich 2007, S. 239 ff.) ist erst dann erreicht, wenn ein normatives Prinzip auf allen organisationalen Ebenen sichtbar wird. Dies beginnt mit der Postulierung gehaltvoller Werte nach vorhergehender diskursiver Auseinandersetzung mit diesen und ihrer Verankerung in der Unternehmensstrategie. Es setzt sich fort im Explizieren dieser Werte in operativ maßgeblichen Dokumenten, Begegnungen und Schulungen. Daran anknüpfend müssen diese Werte eine Leitfunktion für die personalen und technischen Führungssysteme erhalten, um im

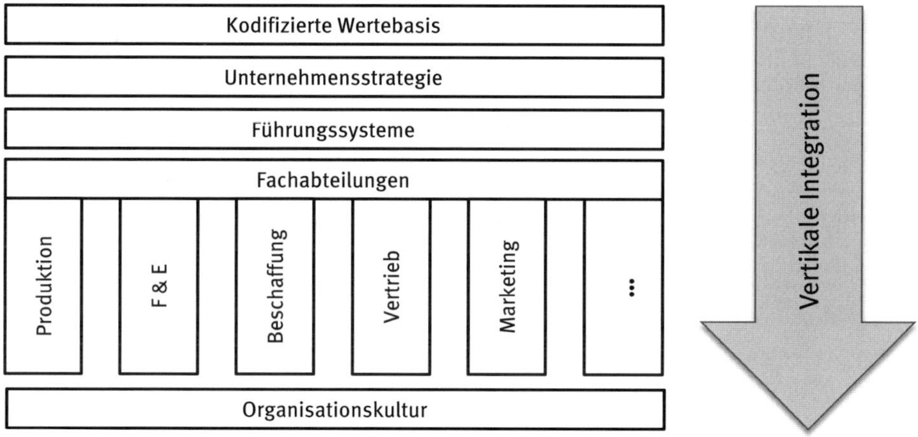

Abbildung 12: Vertikale Integration von Verantwortung (eigene Darstellung)

Geschäftsalltag Widerspruchsfreiheit zu erlangen. Der vielleicht aufwändigste und entscheidende Schritt ist die Übersetzung des Wertes in die Sprache und Lebenswelt der einzelnen Fachabteilungen. Selbst vermeintlich überkommene Werte wie „Qualität“ oder „Ehrlichkeit“ müssen erst vor dem Hintergrund der Fachabteilung und der damit verbundenen Kultur verhandelt werden. Hier zeigt sich, inwiefern Verhaltensrichtlinien den Kern des operativen Geschäftes treffen und gegebenenfalls angepasst werden müssen. Erst wenn jede Fachabteilung eine eigene Ausgestaltung des Wertes vor einem gemeinsamen, organisationsweiten Werteverständnis gefunden hat, kann eine in sich konsistente und verbindende Organisationskultur entstehen. Entsprechend verweisen Maak und Ulrich (2007, S. 349) auf die Gefahr konfligierender oder rivalisierender Subkulturen innerhalb einer Organisation, wodurch eine gemeinsame Wertebasis unterlaufen werden kann.

Das nachfolgende Beispiel verdeutlicht anhand eines konkreten, von der ISO 26000 thematisierten Bereiches die Bedeutung und die Schwierigkeiten einer vertikalen Integration.

> **Anwendungsbeispiel:** Sozial und ökologisch nachhaltige Beschaffung in öffentlichen und privaten Organisationen
>
> Die gesellschaftlich verantwortliche Ausgestaltung der Wertschöpfung ist ein Kernthema einer jeden Diskussion über Unternehmensverantwortung und erweist sich als Querschnittsaufgabe, die gleich mehrere, in einer Vielzahl an Fällen sogar alle

Kernbereiche der ISO 26000 berührt. Klassisch ist hier noch immer die Betrachtung der vorgelagerten Lieferkette, während dem Verkauf bzw. der Leistungserbringung nachgelagerte Prozesse, wie etwa im Life Cycling Costing dargestellt, noch immer geringere Aufmerksamkeit zukommen. Und tatsächlich stellt der Einkauf von (Vor-)Produkten und mitunter auch Dienstleistungen eine entscheidende Nagelprobe dar, wenn es gilt, soziale und ökologische Missstände zu minimieren und gleichzeitig faire Geschäftspraktiken vorzuleben (Verzicht auf Korruption, keine Ausnutzung der eigenen Marktmacht etc.). Im Geiste der ISO 26000 ist bei diesem Feld die Rolle der Regierungen in Form der öffentlichen Beschaffung von besonderem Interesse. Richtet sich in vielen Kernbereichen der Blick fast ausschließlich auf private Unternehmen, ist hier der entscheidende Einfluss der öffentlichen Hand nur schwer aus den Augen zu verlieren.

Das Beschaffungsvolumen der öffentlichen Hand liegt nach verschiedenen, stark abweichenden Schätzungen zwischen rund 260 und 420 Milliarden € jährlich. Dieser allein bereits sehr imposanten Nachfragemacht kommt zudem aufgrund ihrer Schlüsselfunktion in ökologisch besonders zukunftsweisenden Märkten eine weitere Bedeutung zu. Eine Studie im Auftrag des Bundesministeriums für Umwelt, Naturschutz und Reaktorsicherheit (vgl. McKinsey & Company 2008) unterstreicht etwa die besonderen Potenziale in der Lenkung „umweltorientierter Zukunftsmärkte“ allein durch die Beschaffungspolitik (vgl. ebd., S. 12 f.). Entsprechend groß ist die Verantwortung von Bund, Ländern und Kommunen in der Lieferkette. Das Multistakeholdernetzwerk CorporateAccountability (CorA) formuliert deshalb neun Forderungen an das öffentliche Beschaffungswesen (vgl. CorA 2012, S. 1 f.):

- Externe Kosten sollen in die Preisermittlung einbezogen werden.
- Lebenszykluskosten sollen an die Stelle von Einkaufs- und Anschaffungspreisen treten.
- Arbeitsbedingungen sollen als Produkteigenschaften anerkannt werden.
- Bieter sollen Sozial- und Umweltstandards auch für ihre Zulieferer garantieren.
- Dumping-Angebote sollten ausgeschlossen werden.
- Sanktionen für die Verletzung dieser Grundsätze sollen eingeführt werden.
- Ein Aktionsplan auf europäischer Ebene soll eingeführt werden.

- Menschenwürdige Arbeit in Europa soll durch die Vergabepraxis gefördert werden.
- Die Einrichtungen der Europäischen Union sollen Vorbildfunktion einnehmen.

Diese Forderungen spiegeln den Grundgedanken der ISO 26000 und sind ein Beispiel dafür, wie konkrete Praktiken zur Lösung eines virulenten Problems aussehen können. Gleichzeitig zeigen sie auf, dass in einem stark formalisierten Prozess wie der öffentlichen Beschaffung die Integration sozialer und ökologischer Kriterien aufgrund des hohen Kosten- und Rationalisierungsdruckes bislang problematisch war. Mit den im März 2014 in Kraft tretenden Richtlinien zur Förderung der ökologischen und sozialen Beschaffung (PE-CONS Nr. 73/13 – 2011/0437 (COD)) werden einige dieser Forderung eingelöst und das öffentliche Beschaffungswesen dazu befähigt, künftig ökologische und soziale Kriterien stärker zu berücksichtigen. Eine Verpflichtung dazu fehlt jedoch – noch immer kann der (niedrigste) Preis als ausschlaggebendes Kriterium fungieren. Hier zeigt sich, dass mögliche Integritätsprobleme bereits in der formalen „Natur“ der Organisation liegen können und deren Behebung beträchtlicher Anstrengungen bedarf.

Dagegen zeichnet sich das Beschaffungswesen der privatwirtschaftlichen Unternehmen durch eine weitgehende Abwesenheit solcher Formalien aus. Hier obliegt es der Organisation selbst, zwingende und optionale Kriterien für die Auswahl von Gütern und Lieferanten aufzustellen. Dieses private Beschaffungswesen ist dabei gleichzeitig ein bezeichnendes Beispiel für die Notwendigkeit einer vertikalen Integration von Verantwortung, die als isolierte Insellösung nicht gelingen kann. Beispielhaft für ein ungenügendes Zusammenspiel von öffnenden und schließenden Maßnahmen ist der Fall, dass ökologisches und soziales Bewusstsein von den Einkäuferinnen und Einkäufern zwar verlangt, gleichzeitig aber die Forderung nach möglichst effizienten, reibungslosen und preisbetonten Prozessen erhoben wird. Im schlechtesten Fall entscheiden die Fachkräfte dann im Spannungsfeld zwischen kommunizierter Wertebasis, ihrem Gewissen und den Anreizsystemen. Ein klassischer Fall von Überforderung oder auch Fehlanreizen stellt sich ein. Eine vertikale Integration, die gleichzeitig öffnende und schließende Maßnahmen verbindet, sähe wie folgt aus:

(1) Verankerung einer strategisch-nachhaltigen Beschaffung in der Wertebasis des Unternehmens.

(2) Kodifizierung und Operationalisierung dieses Bekenntnisses in den Verhaltensrichtlinien und Dienstanweisungen.

(3) Widerspruchsfreie Gestaltung der Leistungsbewertung und der Anreizsysteme.

(4) Etablierung einer Entscheidungslogik bei der Auftragsvergabe, die den verantwortlichen Mitarbeitenden Autonomie und Innovation zugesteht.

(5) Aufbau einer Unterstützungsstruktur für die Beschaffungsabteilung (Lieferantenscreening, Selbstchecks für Lieferanten etc.).

(6) Befähigung zum Umgang mit Dilemmata (Korruption, unklare Datenbasis etc.) und themenspezifischer Kompetenzaufbau.

(7) Eröffnung von Kommunikations- und Reflexionsstrukturen für die Beschaffungsabteilung (regelmäßige Feedbackrunden, Ansprechpartner für Dilemmasituationen, abteilungsübergreifende Arbeitskreise, Integration in Stakeholderdialoge etc.).

7.4 Professionalisierung und Diskurs: Ethik-Beauftragte und Ethik-Arbeitskreise

In den bisherigen Kapiteln konnten wir aufzeigen, dass zur Umsetzung der ISO 26000 konkrete Instrumente und Praktiken zwar enorm bedeutsam sind, jedoch nicht den Ausgangspunkt einer nachhaltigen Implementierung gelebter Verantwortung darstellen. Vor der konkreten Ausgestaltung dieser Hilfsmittel gilt es, die Weichen für eine Integritätskultur zu stellen, vor deren Hintergrund konkrete Umsetzungsschritte erst ausgehandelt werden können. Dennoch existiert eine Vielzahl von CSR-Techniken und Instrumenten, die sich als Leitplanken für integres Wirtschaften bewährt haben. An dieser Stelle wollen wir jedoch lediglich zwei „Orte“ der Implementierung und des Diskurses herausgreifen, den Ethik-Beauftragten und den Ethik-Arbeitskreis[30].

Die Funktion des Ethik-Beauftragten ist eine der am häufigsten diskutierten und gleichzeitig eine noch immer relativ unscharfe. Dies liegt darin begründet, dass eine Vielzahl von unterschiedlichen und doch auf einen ähnlichen Kompetenzbereich abzielenden Begrifflichkeiten aus unterschiedlichen Traditionen stammen und vor unter-

---

[30] Für eine umfassendere Darstellung verschiedener Instrumente siehe etwa Göbel (2013, S. 197 ff.), Maak/Ulrich (1997, S. 205 ff.), Aßländer (2011, S. 241 ff.), Noll (2013, S. 183 ff.).

schiedlichen Hintergründen diskutiert werden. Klassisch ist die Gleichsetzung mit dem Ethics Officer, der insbesondere in US-amerikanischen Unternehmen eine hohe Verbreitung gefunden hat. Das ihm zugeschriebene Stellenprofil wirkt dabei überaus gewichtig: „Der Ethics Officer ist somit gleichsam die verkörperte moralische Instanz eines Unternehmens, diejenige Person, die verantwortlich ist für die Verantwortlichkeit im Unternehmen. Er hat die Aufgabe, das moralische Leitbild des Unternehmens zu entwickeln, es umzusetzen und seine Einhaltung zu überwachen" (Gößling/Hoffmann 2011, S. 285). Eine solche heroisch anmutende Aufgabe muss den Einzelnen zwangsläufig überfordern und zudem den Eindruck erwecken, andere Akteure wären nun von der ethischen Reflexion befreit oder – schlimmer noch – diese werde ihnen gar nicht zugetraut. Wie wir mit der vertikalen Integration zudem forderten, darf integres Wirtschaften eben keine organisational isolierte Lösung bleiben. Lenken wir den Blick hingegen auf die ebenfalls im Zitat genannte Kontrollfunktion, wird schnell ein anderes Rollenverständnis deutlich. Bezeichnenderweise findet sich der US-amerikanische Ethics Officer mit dem Compliance Officer, dessen Hauptaugenmerk auf der Kontrolle und Durchsetzung der Regeltreue liegt, im gleichen Berufsverband (Ethics & Compliance Officer Association) zusammengeschlossen. Die Erfahrungen dort zeigen, dass das Aufgabenfeld des Ethics Officers nicht zwingend ausschließlich, aber doch eng mit Kontroll- und Aufsichtsfunktionen verbunden ist. Ein wiederum anderer Weg wird mit der Ombudsperson eingeschlagen, die in erster Linie eine kommunikative Zugangsfunktion für Organisationsmitglieder und externe Stakeholder ausfüllt (vgl. Göbel 2013, S. 245). Hier liegt der Schwerpunkt auf der Kommunikation, Informationsverarbeitung und nicht selten auch Mediation. Die wohl umfassendste Rolle schreiben ihm Thomas Maak und Peter Ulrich (2007, S. 497 ff.) zu, indem sie ihn als Systementwickler, Systembetreuer und personalisiertes Integritäts- und Systembewusstsein mit den Aufgaben Compliance, Investigation, Schlichtung, Training, Diskurs und Entwicklung beauftragen. Gleichzeitig warnen sie davor, ihn als „moralische Autorität" fehlzudeuten.

Die Etablierung eines Ethik-Beauftragten kann zur Umsetzung der ISO 26000 einen Beitrag leisten. Voraussetzung dafür ist die Integration in die Nachhaltigkeitsstrategie, die sorgfältige Zuschneidung des Stellenprofiles und die Ausstattung mit entsprechenden Kompetenzen. Es wird dabei nicht immer notwendig sein, alle Bereiche abzudecken oder in einer exklusiven Position zu vereinen. Gerade in kleinen und mittleren Unternehmen kann geprüft werden, an welcher bereits vorhandenen Stelle bestimmte Aufgabenfacetten angefügt werden können. Der Aufbau einer eigenständigen CSR-Abteilung oder eines Ethics Offices ist vermutlich nur entsprechend ausdifferenzierten Unternehmen möglich, wohingegen es kleineren Unternehmen leichter fällt, entsprechende Aufgaben etwa in der Personal- oder Öffentlichkeitsabteilung, eventuell auch in der Mitarbeitervertretung zu integrieren. Hierbei sollte jedoch bedacht werden, dass die Beauftragten nur dann ihr Potenzial entfalten können, wenn sie in den sensiblen Management- und Kommunikationsprozessen auch frühzeitig involviert sind. Demgemäß ausgebaut sollten sie die Befugnisse haben, entsprechende Einblicke zu erhalten. Alle weiteren Funktionen leiten sich aus dem konkreten Professionalisierungsbedarf ab, den das Unternehmen aufgrund seiner Geschäftstätigkeit und seines Umfeldes ableiten muss.

Wie schon der Ethik-Beauftragte firmieren Ethik-Arbeitskreise unter verschiedenen Begrifflichkeiten und Zuständigkeitsbereichen. Weit verbreitet sind Begriffe wie Ethik-Kommission, Ethik-Komitee, Ethik-Beirat und Ethics Committee. In einem weit gefassten Verständnis beinhaltet ihr Aufgabenspektrum etwa die Entwicklung und Anpassung von Leitbildern und Richtlinien, die Kommunikation dieser Vorgaben und die Kontrolle ihrer Einhaltung, die (investigative) Bearbeitung von Beschwerden und Anliegen, die Beantwortung von konkreten Anliegen in nicht geregelten Grenzbereichen, das Vorantreiben der Institutionalisierung von weiteren Maßnahmen und die Diskursführung mit der Unternehmensleitung auf Augenhöhe (vgl. Göbel 2013, S. 248; Staffelbach 1994, S. 331). Gemein ist allen Konzeptionen die hierarchie- und abteilungsübergreifende Zusammensetzung, die neben internen auch auf externe Mitglieder zurückgreifen kann. Ethik-Beiräte können vollständig mit externen Experten besetzt sein. Sie bieten die Möglichkeit, eingefahrene Strukturen und Diskussionen mit neuen Impulsen zu beleben und können bei wichtigen Weichenstellungen oder in Initialisierungsphasen wertvolle Ansätze aufzeigen. Gleichzeitig können sie über den Einbezug von externen Anspruchsgruppen und Fachexperten als Plattform für den Stakeholderdialog fungieren.

Organisationen artikulieren unterschiedliche Bedarfe an solche Ethik-Arbeitskreise. Während sie in manchen Branchen oder Berufen als feste Instanz gesetzlich vorgeschrieben sind, benötigen andere Organisationen eher nur punktuelle Impulse zu bestimmten Sachthemen. Sinnvoll kann eine Verbindung von Ethik-Arbeitskreisen und Qualitätszirkeln sein. Letztere dienen dem Erfahrungsaustausch in Kleingruppen und der Verbesserung der Arbeits- und Prozessqualität. Sind solche Gruppen bereits etabliert, können Fragestellungen zu integrem Wirtschaften und zu den Kernbereichen der ISO 26000 dort thematisiert werden. Dies kann selbstorganisiert oder über die Vermittlung des Ethik-Beauftragten geschehen. Der Vorteil liegt in der Diskursführung sehr eng an der Lebenswelt der Beteiligten und des konkreten Tagesgeschäftes. Die hier geforderte vertikale Integration wird dadurch begünstigt.

Ausblick 7.5

In diesem Beitrag sind wir mit der Zielsetzung angetreten, uns der Lücke zwischen übergeordneten, in der ISO 26000 niedergelegten Prinzipien und der konkreten organisationalen Instrumentenebene zu nähern. Der Norm kommt dabei unbestritten der Verdienst zu, in einem globalen Rahmen gesetzte Verantwortungsbereiche klar zu benennen und damit die Reflexion in den Organisationen zu fördern. Die ebenfalls postulierten Prinzipien erweisen sich dabei als handlungsleitend für die konkrete Umsetzungspraxis in den Organisationen. Letztere berührt die Norm jedoch nur am Rande und eröffnet damit den Organisationen den Raum für eine idiosynkratische Ausgestaltung nach den eigenen Bedürfnissen. Gleichzeitig liegt darin die Gefahr, kleine und mittlere Unternehmen in eine anfängliche Orientierungslosigkeit zu stürzen. Wir haben aufzuzeigen versucht, dass der Weg von den übergeordneten, oftmals abstrakten Prinzipien und Kernbereichen hin zu der unmittelbar praxisrelevanten Instrumentenebene über einen Zwischenschritt vermittelt werden muss. Wenn wir daher von Ansätzen der institutionellen Verankerung von gesellschaftlicher Verantwortung sprechen, thematisieren wir damit eine Ebene der Weichenstellungen, die gleichzeitig Ausdruck und Bestimmungsfaktor der Organisationskultur darstellt. Wie am Beispiel des „Ehrbaren Kaufmannes" aufgezeigt, ist eine individualethisch fundierte Auseinandersetzung dazu eine notwendige, jedoch noch keine hinreichende Bedingung. Von größerer Bedeutung ist die vertikale Integration der Verantwortung, die somit von der Geschäftspolitik bis auf die Ebene des Einzelnen reicht und an den konkreten Geschäftspraktiken und Alltagserfahrungen der Organisationsmitglieder angreift. Vermittelt über diesen Ansatz kann die Integration gesellschaftlicher Verantwortung hin zu einem integren, vernunftbasierten Wirtschaften organisch und nachhaltig gelingen.

Schlusswort

Dr. Annika Martens und Prof. Dr. Annette Kleinfeld

Eine profunde Auseinandersetzung mit dem Thema gesellschaftliche Verantwortung nach ISO 26000 ist, wie die Erfahrungsberichte zeigen, unabhängig von der Größe und Branche eines Unternehmens möglich. Die Vorgehensweise aller aufgezeigten Erfahrungsberichte variiert dabei nur marginal und folgt im Kern dem in Abschnitt 7 der Norm vorgeschlagenen Vorgehen. Verständlicherweise fällt es größeren Unternehmen leichter, entsprechende Ressourcen bereitzustellen, die für eine intensive Auseinandersetzung mit der Norm nötig sind. So mag die regelmäßige Durchführung eines umfangreichen Stakeholderdialoges für ein großes Unternehmen weder zeitlich noch finanziell ein Problem darstellen, für ein kleines Unternehmen ist dies im großen Ausmaß jedoch illusorisch. Hier zeigt sich, dass kleine Unternehmen vor allem eines benötigen: ein hohes Maß an Kreativität, das ihnen erlaubt, die Empfehlungen der Norm in ihrem Geschäft umzusetzen.

Unabhängig von der Größe und Branche des Unternehmens berichten viele der Anwender, dass ihnen die Auseinandersetzung mit der Norm zu Beginn sehr schwer erschien und sie partiell auch überforderte. Dies gilt insbesondere für Unternehmen, die sich zuvor noch nie mit dem Thema „Gesellschaftliche Verantwortung" auseinandergesetzt haben und ist daher zu einem großen Anteil der Komplexität des Themas selbst geschuldet. Eine Hilfe ist hier der Abschnitt 7, der die Anwender der Norm an „die Hand nimmt" und Schritt für Schritt strukturiert durch das Thema leitet.

Wie mehrere Anwender berichten, ist ein wichtiger Erfolgsgarant, dass sich jedes Unternehmen klar machen sollte, dass es sich bei dem Thema Gesellschaftliche Verantwortung nicht um ein Projekt handelt, das einen Anfang und ein Ende hat, sondern um eine andere Art des Wirtschaftens, die beständig kontrolliert und weiterentwickelt werden sollte. Es wird daher von keinem Anwender der Norm erwartet, alle Handlungsempfehlungen sofort umzusetzen, sondern sich diesen in einem kontinuierlichen Verbesserungsprozess zu nähern. Dabei ist es unverzichtbar, dass sich Inhaber, Geschäftsführung und alle übrigen Führungskräfte engagiert für die Implementierung und Umsetzung der Norm einsetzen. Nur wenn sie dem Thema Priorität einräumen, kann es auch entsprechend im geschäftlichen Alltag verankert, gelebt und wechselseitig eingefordert werden. Die Organisationsführung spielt eine ganz zentrale, wenn nicht die Rolle für den Erfolg oder auch Misserfolg des Changeprozesses hin zu mehr gesellschaftlicher Verantwortung.

Ein weiterer wichtiger Erfolgsfaktor, so die Anwender der Norm, ist das Durchhaltevermögen des Unternehmens an erster Stelle, und stellvertretend für den Rest der Organisation, des CSR-Verantwortlichen. Vor allem in größeren Unternehmen ist ein langer Atem erforderlich, um das Thema durch alle Unternehmensbereiche hindurch zu befördern und Verständnis dafür zu wecken. Um eine breite Akzeptanz für das Thema zu generieren, empfiehlt es sich, möglichst viele Geschäftsbereiche und Themenverantwortliche des Unternehmens in den Strategiefindungsprozess und in die dafür erforderlichen Vorarbeiten (Bestandsaufnahme, SWOT-Analyse) einzubinden. Auf diese Weise wird nicht nur dem Prinzip der Stakeholdereinbindung Rechnung getragen, sondern auch die nötige Akzeptanz und Motivation geschaffen, die für jeden Changeprozess unabdingbar sind.

Drei Jahre nach der Veröffentlichung der Norm lässt sich in Deutschland feststellen, dass sie zwar von einigen Unternehmen angewendet wird, jedoch noch immer nicht die Popularität besitzt, die ihr aufgrund ihres klar strukturierten Inhalts und ihrer substanziellen Hilfestellungen zukommen müsste. Dies zeigte sich nicht zuletzt bei der schwierigen Recherche nach Unternehmen, die an dem vorliegenden Buchprojekt mitwirken wollten. Kaum ein Unternehmen kommuniziert aktiv über die Auseinandersetzung mit der Norm. Dies mag zum einen an der stark reglementierten Terminologie liegen, welche Formulierungen ISO 26000-konform sind und welche nicht; zum anderen aber auch daran, dass eine Ausrichtung nach einem Leitfaden, der nicht zertifizierbar ist, nicht die gewünschte Legitimität und Öffentlichkeitswirksamkeit besitzt wie etwa eine auditierbare ISO 14001. Möglicherweise würde ein Anreiz geschaffen werden, wenn die ISO 26000 zertifizierbar und somit auch leichter „kommunizierbar" wäre. Es bleibt daher abzuwarten, was die Umfragen der PPO ergeben werden und ob nicht doch auf lange Frist auch auf internationaler Ebene eine zertifizierbare Fassung der Norm entwickelt werden wird. Bis dahin bleibt zu beobachten, wie sich die Norm weiter am deutschen Markt etablieren kann und ob das Beispiel der Harting KGaA Schule machen wird und sich auch andere deutsche Unternehmen über die Nutzung extern verifizierbarer Fassungen aus dem Ausland zertifizieren lassen.

Literaturverzeichnis

Accenture (2013): CEO Nachhaltigkeitsstudie unter 1.000 Vorstandschefs in 103 Ländern, http://www.accenture.com/de-de/company/newsroom-germany/Pages/ceo-study-sustainability.aspx (abgerufen am 20.02.14).

Anastassiou, C. (2011): Soziales Handeln gehört zum modernen Unternehmertum, *Die Welt* vom 10.10.2011.

Aßländer, M. S.; Schenkel, M. (2009): Vom Guten, vom Schönen und vom Baren: Wie praktikabel ist Ethik als Fondskriterium? In: Ulshöfer, Gotlind/Bonnet, Gesine (Hrsg.): Corporate Social Responsibility auf dem Finanzmarkt. Nachhaltiges Investment – politische Strategien – ethische Grundlagen. Wiesbaden.

Aßländer, M. S. (2011): Grundlagen der Wirtschafts- und Unternehmensethik. Marburg.

Bay, K.-C. (2010): ISO 26000 in der Praxis: Der Ratgeber zum Leitfaden für soziale Verantwortung und Nachhaltigkeit. Oldenburg.

Beschorner, T.; Hajduk, T. (2014): „Der ehrbare Kaufmann" und „Creating Shared Value". Eine Kritik im Lichte der aktuellen CSR-Diskussion. In: Schneider, A.; Schmidpeter, R. (Hrsg.): Corporate Social Responsibility: Verantwortungsvolle Unternehmensführung in Theorie und Praxis, 2., erw. Auflage, Berlin (im Erscheinen).

Beschorner, T.; Hajduk, T. (2012): Vom ehrbaren Kaufmann zur Unternehmensverantwortung. In: *forum wirtschaftsethik*, Nr. 02, S. 2–7.

Bopp, R. E. (2010): Die Finanzwirtschaft – Anmerkungen zum Risiko- und Ertragsmanagement von Finanzdienstleistern. In: Aßländer, M. S.; Löhr, A. (Hrsg.): Corporate Social Responsibility in der Wirtschaftskrise. Reichweiten der Verantwortung, S. 267–281. *Dnwe-Schriftenreihe*, Folge 18, München und Mering.

Brink, A. (2013): Die Wiedergeburt des Ehrbaren Kaufmanns. In: *forum wirtschaftsethik*, Nr. 2, S. 2–7.

BS OHSAS 18001:2007 (2008): Arbeits- und Gesundheitsschutz-Managementsysteme. Köln.

CorA (2012): Stellungnahme des CorA-Netzwerks für Unternehmensverantwortung zum Richtlinienentwurf der EU zur Modernisierung des Vergabewesens (COM(2011) 897). http://www.ci-romero.de/fileadmin/media/mitmachen/cora/wer_kauft_ein_EU/CORA_Stellungnahme_EU-Richtlinie_OEB_end.pdf (abgerufen am 31.01.2014).

DIN ISO 26000 (2011): Leitfaden zur gesellschaftlichen Verantwortung (ISO 26000:2010)

DS 49001 (2012): Dansk standard. Social responsibility management system – Requirements. Kopenhagen.

Deutscher Bundestag (1998): Abschlussbericht der Enquete-Kommission: Schutz des Menschen und der Umwelt – Ziele und Rahmenbedingungen einer nachhaltig zukunftsverträglichen Entwicklung. Konzept Nachhaltigkeit. Vom Leitbild zur Umsetzung. Drucksache 13/11200.

Der Betrieb, EU Parlament (2014): Bericht über zusätzliche Angaben zu Sozial- und Umweltbelangen für bestimmte große Unternehmen und Konzerne zugestimmt, http://www.der-betrieb.de/content/dft,191,646402 (abgerufen am 19.01.2014).

DV-Ratio (2013): Whitepaper Soziale Nachhaltigkeit, http://www.dv-ratio.com/unternehmen/presse/pressemitteilungen/whitepaper-sozialenachhaltigkei/ (abgerufen am 25.2.14).

EFQM Excellence Modell 2013 (2013): Exzellente Organisationen erzielen dauerhaft herausragende Leistungen, welche die Erwartungen aller ihrer Interessengruppen erfüllen oder übertreffen. Brüssel.

EDEKA Minden eG (2011): EDEKA Genossenschaftssatzung 2011. Minden.

EMAS (2006): Richtlinie Nachhaltigkeitsmanagement EMAS Plus. Elemente und Anforderungen eines Nachhaltigkeitsmanagements auf der Grundlage von EMAS.

EU KOM (2001): Grünbuch, Europäische Rahmenbedingungen für die soziale Verantwortung von Unternehmen.

EU KOM (2002): 347, Mitteilung der Kommission betreffend die soziale Verantwortung der Unternehmen: ein Unternehmensbeitrag zur nachhaltigen Entwicklung.

EU KOM (2006): 136, Umsetzung der Partnerschaft für Wachstum und Beschäftigung: Europa soll auf dem Gebiet der sozialen Verantwortung der Unternehmen führend werden.

EU KOM (2011a): 681, Eine neue EU-Strategie (2011-14) für die soziale Verantwortung der Unternehmen (CSR).

EU KOM (2011b): Verantwortungsvollere Unternehmen können dem Wachstum in Europa einen Schub geben, IP/11/1238.

EU KOM (2013a): Kommission will Unternehmenstransparenz in Sozial- und Umweltbelangen erhöhen. IP/13/330.

EU KOM (2013b): 207, Vorschlag für eine Richtlinie des Europäischen Parlaments und des Rates zur Änderung der Richtlinien 78/660/ EWG und 83/349/EWG des Rates im Hinblick auf die Offenlegung nichtfinanzieller und die Diversität betreffender Informationen durch bestimmte große Gesellschaften und Konzerne.

European Commission (2014): http://ec.europa.eu/internal_market/accounting/non-financial_reporting/index_en.htm (abgerufen am 29.04.2014).

Finanzgruppe DSGV (2013): Geschäftszahlen. Zahlen & Fakten 2012, http://www.dsgv.de/_download_gallery/Publikationen/D_DSGV_Geschaeftszahlen_2012.pdf (abgerufen am 25.11.2013).

Geschäftsstelle des Umweltgutachterausschusses (2012), Die ISO 26000 unter der EMAS-Lupe. http://www.emas.de/fileadmin/user_upload/06_service/PDF-Dateien/ISO_26000_unter_der_EMAS-Lupe.pdf (abgerufen am 15.01.2014).

Göbel, E. (2013): Unternehmensethik. Grundlagen und praktische Umsetzung. Konstanz, München.

Gößling, T.; Hoffmann, M. W. (2011): Ethics Officer. In: Aßländer, M. S. (Hrsg.): Handbuch Wirtschaftsethik. Weimar.

Global Reporting Initiative (2011): G3.1 Sustainability Reporting Guidelines, https://www.globalreporting.org/Pages/default.aspx (abgerufen am 25.2.14).

Global Reporting Initiative (2013): G4 Sustainability Reporting Guidelines, https://www.globalreporting.org/Pages/default.aspx (abgerufen am 25.2.14).

Hahn, H.-W. (2005): Die industrielle Revolution in Deutschland. Enzyklopädie Deutscher Geschichte, Band 49. München.

Huber, K. (2014): Taten und Worte: In sechs Schritten zu erfolgreicher Stakeholderkommunikation. Im Erscheinen 2014.

(IFOK) Institut für Organisationskommunikation (1997): Bausteine für ein zukunftsfähiges Deutschland. Diskursprojekt im Auftrag von VCI und IG Chemie-Papier-Keramik. Wiesbaden.

IHK Nürnberg für Mittelfranken (2013): Der Ehrbare Kaufmann, Nürnberg: IHK Nürnberg für Mittelfranken. http://www.ihk-nuernberg.de/de/media/PDF/Publikationen/Hauptgeschaeftsfuehrung/Ehrbarer-Kaufmann.pdf (abgerufen am 31.1.2014).

IHGK: § 1 Abs. 1 IHKG. Bundesministerium der Justiz und für Verbraucherschutz.

IHK Ostbrandenburg (2012): Der Ehrbare Kaufmann lebt! Porträts aus Ostbrandenburg, Frankfurt http://www.initiative-ek.de/file/9039-Broschuere_Ehrbarer_Kaufmann_final-web.pdf (abgerufen am 31.1.2014).

ISO 9001:2008 (2008): Qualitätsmanagementsysteme – Anforderungen. Berlin, Wien, Zürich.

ISO 14001:2004 (2009): Umweltmanagementsysteme: Anforderungen mit Anleitung zur Anwendung. ISO 14001:2004 + Cor 1:2009. Berlin.

ISO 26000:2011 (2011): DIN ISO 26000:2011-01. Leitfaden zur gesellschaftlichen Verantwortung. Berlin.

ISO 50001:2011 (2011): Energiemanagementsysteme – Anforderungen mit Anleitung zur Anwendung. Berlin.

Kleinfeld, A. (2011): Gesellschaftliche Verantwortung von Organisationen und Unternehmen: Fragen und Antworten zur ISO 26000. Berlin.

Kleinfeld, A.; Kettler, A. (2011): Corporate Social Responsibility (CSR). In: Das Personal Büro in Recht und Praxis, DP Heft 8/11, 43. Ausgabe, Gruppe 23, S. 387–425.

Klingler-Deiseroth, C. (2011): Wo beginnt und endet Nachhaltigkeit, *A&D*, Februar 2011, S. 26.

Klink, D. (2008): Der Ehrbare Kaufmann – Das ursprüngliche Leitbild der Betriebswirtschaftslehre und individuelle Grundlage für die CSR-Forschung, in: *Zeitschrift für Betriebswirtschaft*, Jg. 78, Nr. 3, S. 57–79.

Kluger, M. (2010): Die Fugger in Augsburg. Kaufherrn, Stifter und Mäzene. Augsburg.

Le Goff, J. (2009): Kaufleute und Bankiers im Mittelalter, Wagenbach.

Lin-Hi, N. (2003): Der Ehrbare Kaufmann: Tradition und Verpflichtung, in der Broschüre „Der Ehrbare Kaufmann" der Industrie- und Handelskammer Nürnberg für Mittelfranken. http://www.ihk-nuernberg.de/de/media/PDF/Publikationen/Hauptgeschaeftsfuehrung/Ehrbarer-Kaufmann.pdf (abgerufen am 15.01.2014).

Löhr, A. (2005): Die neue Rolle der NGO's in Zeiten der Globalisierung, In: Aßländer, Michael S./Kaminski, Robert (Hrsg.): Globalisierung – Risiko oder Chance für Osteuropa?, S. 179–207. Frankfurt am Main.

Lotter, D.; Braun, J. (2010): Der CSR-Manager – Unternehmensverantwortung in der Praxis. München.

Lütge, C. (2012): Werte stärken das Vertrauen. In: Industrie- und Handelskammer für München und Oberbayern (Hrsg.): Den Ehrbaren Kaufmann leben. Mit Tradition zur Innovation. München.

Maak, T.; Ulrich, P. (2007): Integre Unternehmensführung. Ethisches Orientierungswissen für die Wirtschaftspraxis. Stuttgart.

McKinsey&Company (2008): Potenziale der öffentlichen Beschaffung für ökologische Industriepolitik und Klimaschutz. http://www.bmub.bund.de/fileadmin/Daten_BMU/Download_PDF/Produkte_und_Umwelt/mckinseystudie.pdf (abgerufen am 31.01.2014).

Meadows, D. (1972): Die Grenzen des Wachstums. Bericht des Club of Rome zur Lage der Menschheit. München.

Mitchell, R. K.; Agle, B. R.; Wood, D. J. (1997): Toward a Theory of Stakeholder identification and Salience: Defining the Principle of Who and What Really Counts. In: *Academy of Management Review* (Academy of Management), Vol. 22, Nr. 4, S. 853–886.

Noll, B. (2013): Wirtschafts- und Unternehmensethik in der Marktwirtschaft. Stuttgart.

NPR 9026:2011 (2011): NEN Standards Committee 400178 “Social Responsibility”. Guidance on Self-Declaration NEN-ISO 26000. Delft.

NP 4469-1:2008 (2008): Instituto Portugues da Qualidade. Social responsibility management system Part I: Requirements and guidelines for its usage.

OECD-Leitsätze für multinationale Unternehmen (2011): OECD-Leitsätze für multinationale Unternehmen. Paris.

ONR 192500 (2011): Gesellschaftliche Verantwortung von Organisationen (CSR).

ONR ISO 26000 (2011): Leitfaden zur gesellschaftlichen Verantwortung (ISO 26000:2010).

Paine, L. S. (1994): Managing for Organizational Integrity. In: *Harvard Business Review* 72/2, S. 106–117.

Pierenkemper, T. (2009): Wirtschaftsgeschichte. Die Entstehung der modernen Volkswirtschaft. Studienbuch Geschichte. Berlin.

RAL Deutsches Institut für Gütesicherung und Kennzeichnung (2014): Trendstudie zu Moral und Werten, http://www.ral-guetezeichen.de/fileadmin/lib/pdf/guete/MoRAL-Studie_2014_Studienbericht.pdf (abgerufen am 17.02.2014).

RS 10 (2010): IQNet SR10 Corporate Social Responsibility. Social responsibility management system – Requirements.

SA8000:8000 (2008): Social Accountability 2008. http://www.sa-intl.org/_data/n_0001/resources/live/2008StdEnglishFinal.pdf (abgerufen am 15.01.2014).

Sachs, S.; Rühli, E.; Kern, I. (2007): Lizenz zum Managen. Mit Stakeholdern zum Erfolg: Herausforderungen und Good Practices. Bern, Stuttgart, Wien.

Schmiedeknecht, M. H.; Wieland, J. (2012): ISO 26000, 7 Grundsätze, 6 Kernthemen, in: Schneider, A.; Schmidtpeter, R. (Hrsg.): Corporate Social Responsibility. Verantwortungsvolle Unternehmensführung in Theorie und Praxis. Berlin, Heidelberg, S. 259–270.

Schwalbach, J.; Klink, D. (2012): Der Ehrbare Kaufmann als individuelle Verantwortungskategorie der CSR-Forschung. In: Schneider, A.; Schmidpeter, R. (Hrsg.): Corporate Social Responsibility. Verantwortungsvolle Unternehmensführung in Theorie und Praxis, Berlin, S. 219–240.

Staffelbach, B. (1994): Management-Ethik. Ansätze und Konzepte aus betriebswirtschaftlicher Sicht. Bern, Stuttgart, Wien.

SORA Institut (2013): Zukunftsthema Corporate Social Responsibility, http://www.sora.at/nc/news-presse/news/news-einzelansicht/news/zukunftsthema-corporate-social-responsibility-562.html (abgerufen am 25.2.14).

Söderberg, S. (2012): ISO 26000 Guidance on Social Responsibility Status December 2012, http://de.slideshare.net/StaffanS/1-iso26000-review-and-survey-2014-status-jan-21 (abgerufen am 25.2.14).

(SpG) Sparkassengesetz für Baden-Württemberg in der Fassung vom 19. Juli 2005 (GVBI. S. 587), geändert durch Gesetz vom 9. November 2010 (GBI. S. 793).

Steinmann, H.; Löhr, A. (1989): Einleitung: Grundfragen und Problembestände einer Unternehmensethik, In: Dies., Unternehmensethik, S. 3–21. Stuttgart.

Thielemann, U. (2005): Compliance und Integrity – Zwei Seiten ethisch integrierter Unternehmenssteuerung. Lektionen aus dem Compliance-Management eines Nahrungsmittelkonzerns und einer Grossbank. Berichte des Instituts für Wirtschaftsethik No. 104, St. Gallen.

Thielemann, U.; Ulrich, P. (2008): Standards guter Unternehmensführung: Zwölf internationale Initiativen und ihr normativer Orientierungsgehalt. Bern.

Ulrich, P. (2008): Integrative Wirtschaftsethik. Grundlagen einer lebensdienlichen Ökonomie. Bern, Stuttgart, Wien.

UNDP (2011): United Nations Development Programme: CSR Self-assessment Handbook for Companies. Vilnius.

VEEK (2014): Leitbild des Ehrbaren Kaufmanns im Verständnis der Versammlung Eines Ehrbaren Kaufmanns zu Hamburg e. V. Hamburg: VEEK. http://www.veek-hamburg.de/wp-content/uploads/2011/07/VEEK_Leitbild_Deutsch.pdf (abgerufen am 31.1.2014).

Vitt, J.; Franz, P.; Kleinfeld, A.; Thorns, M. (2011): Gesellschaftliche Verantwortung nach DIN ISO 26000: Eine Einführung mit Hinweisen für Anwender. Berlin.

Wall Street Journal: Aníbal Gaviria. Mayor Gaviria comments on what being named City of the Year means to Medellín. http://online.wsj.com/ad/cityoftheyear#videos (abgerufen am 25.2.14).

Wegman, J.; Zeibig, D.; Zielkens, H. (2009): Der ehrbare Kaufmann. Leistungsfaktor Vertrauen – Kostenfaktor Misstrauen, Köln.

Wieland, J. (2004): Wozu Wertemanagement? Ein Leitfaden für die Praxis, in: Wieland, J. (Hrsg.): Handbuch Wertemanagement. Erfolgsstrategien einer modernen Corporate Governance. Hamburg, S. 13–52.

Wieland, J. (2007): Die Ethik der Governance. Studien zur Governanceethik, Band 1. Marburg.

Wieland, J. (2011): Wertemanagement, in: Aßländer, M. S. (Hrsg.): Handbuch Wirtschaftsethik. Stuttgart, Weimar.

Wysocki, J. (1996): Gulden, Gold und Deutsche Mark. Alltag im Filstal seit 1846. In: Kreissparkasse Göppingen (Hrsg.): Stauferkreis gestern und heute, Band 1. Stuttgart.

Wysocki, J. (2005): Untersuchungen zur Wirtschafts- und Sozialgeschichte der deutschen Sparkassen im 19. Jahrhundert. Sparkassen in der Geschichte, Band 10 (Reprint). Stuttgart.

XP X30-029 (2013): Responsabilité sociétale – Déterminer la priorité des domaines d'action de l'ISO 26000.

Zeller, E. (2013): Layered Process Audit. München.